シリーズ
地域の再生 18

林業新時代

「自《じ》伐《ばつ》」がひらく農林家の未来

佐藤宣子
興梠克久
家中 茂

農文協

まえがき

「自伐《じばつ》」による素材生産を、新たな林業生産主体の登場として初めて注目したのは、安藤嘉友（1984）*である。戦後、荒廃した山に植林していった中小規模林家は育林過程（植えて、下刈りや枝打ちなどの保育過程まで）の担い手にはなり得ても、伐採過程までは担えないという大方の予想を覆し、間伐作業をも自家労働力で実施していることに注目した。とはいえ、1980〜1990年代に注目された、自家山林を自家労働力で伐採する「自伐林業」は、木材が大きくなる主伐までは担当できないだろうし、世代交代ができないままに過疎化の波に飲まれてしまうのではないかと考えられた。まして、日本林業の大勢に影響を与えうるものではなく、林業政策は森林組合に対して、中小規模林家からの施業委託の取りまとめによる「協業化」や「集約化」を期待しても、所有者自らを生産主体として位置づけることはなかった。大規模森林所有者と中小規模所有から委託を受けた森林組合や林業事業体など、雇用労働力による林業経営がこの間の林業政策の対象だったのである。

ところが、近年、「自伐」という言葉にアンチ大規模生産、環境保全型林業、地域振興、新たなライフスタイルという意味も込められ、上からの林業再編に対抗する下からの運動としての「自伐林業」論が台頭してきた。「地域通貨」やエネルギー利用など、「自伐林業方式」ともいえる仕組みも編み出されてきた。「自伐林業」は東日本大震災からの復興のキーワードの一つともなっている。

本書は、こうした「自伐林業」運動のうねりのなかで企画された。民主党政権3年半での「森林・

林業再生プラン」の議論と施策の具体化（森林法改正および森林経営計画制度の導入）、さらには自民党への再政権交代という政治的にも大きく揺れ動いた時期でもあった。

３名の執筆者は高知や徳島の「自伐」の現場をともに訪ね、また各々のフィールド調査を通じて、「自伐林業」を核とした山村地域再生の方向性に確信をもった。同時に、「自伐林業」の統計的な抽出と経営実態の把握、過去の「自伐林家」研究との関連をふまえた「自伐林業」の今日性などを冷静に客観視することも必要だと考えた。それは、「自伐林業」運動の成果であるとともに、自民党への再政権交代によって民主党政権の否定というかたちで打ち出されつつある「自伐」への政策支援の効果を検証することが早晩求められると考えるからである。さらにいえば、「世界で一番企業が活躍しやすい国づくり」をめざし、ＴＰＰ交渉に前のめりの安倍政権が進める地域政策と「自伐林業」運動が内包する下からの住民自治や地域再生との矛盾が発現すると予想するからでもある。

本書は２０１３年12月までに３人の執筆者が把握、分析し得た実態に依拠して書いたものである。大きなうねりのなかでどの時点で何に焦点を絞るのかは、執筆者３人が大いに悩んだところである。

当然ながら、執筆者それぞれの力点の置き方も異なっている。林業経済研究に携わってきた佐藤は、農林業センサスで「自伐林業」の抽出を試み、「自伐林家」の政策的な位置づけを「森林・林業再生プラン」と森林計画制度の文献研究と合わせて考察した。また、１戸の専業的な農林家の活動を多角的に紹介することで、「自伐林家」が果たしている山村社会での役割の大きさを指摘した。同じく林業経済研究者である興梠克久は「自伐林業」を林業展開の二つの道の一つとしてとらえるとともに、林家グループの新たな組織化の動きに社会性という観点から注目している。環境社会学者の家中茂はこの間、多くの「自伐林業」運動の現場に参加し、うねりの動的把握に力点をおいた。

家族経営が育林の担い手であるのかどうかが林業界をあげて議論され、農業基本法から3年遅れて制定された林業基本法（１９６４年）から今年で50年である。加えて、今年は国連が定めた「国際家族農業年」でもある。短期的な収益を追求する大規模集約化農業による自然資源の劣化や食料供給の不安定性への対抗として、家族経営が有する環境面や社会・文化面での持続性、安定性、柔軟性という点で価値が世界的に注目されている。** 森林率が高い日本において、雇用主体の大規模経営とは異なる林業の家族経営の可能性と意義を探る。それが本書の目的である。

進化する「自伐林業」を動的に、また構造的に考察したつもりである。本書が、地域再生に日々努力されている方々に寄り添い、少しでも勇気づけることになればこの上ない喜びである。同時に忌憚のないご意見とご批判をお願いしたい。

２０１４年3月

執筆者を代表して　佐藤宣子

（注）*安藤嘉友（１９８４）「木材価格形成のメカニズムと木材市場の展開構造」（鈴木尚夫編著『現代林業経済論』日本林業調査会、３４５ページ。

**原弘平（２０１４）「２０１４国際家族農業年——今問われる『家族農業』の価値」『農林金融』２０１４（１）、53～59ページ。

シリーズ　地域の再生 18

林業新時代——「自《じ》伐《ばつ》」がひらく農林家の未来

目次

第1章　地域再生のための「自伐林業」論

佐藤宣子

1　「自伐林家」論の背景

(1) 山村地域における「自伐林家」振興の意義

わが国は国土の約7割が森林である。先進国ではフィンランドに次ぐ高さであり、森林率が9割を超える山村自治体も少なくない。畜産的な土地利用の割合が高い中部ヨーロッパとは決定的に違う点であり、わが国の山村地域の再生は、森林資源を有効に活用し、林業を活性化することなしにはありえない。一方で、針葉樹だと40年以上、薪やシイタケ原木用などの広葉樹でも15年程度の育成期間を要する林業だけの収入で生活する専業的林家は少なく、林家の多くが農家でもある。

２０００年までの農林業センサス分析によって、林家（１ha以上の山林を保有する世帯）のうち農家でもある農家林家の比率は徐々に低下し、一方で非農家林家および不在村林家の増加が指摘されていたものの、２０００年段階でも林家の４分の３は農家林家であった(1)。そして、農家林家は非農家林家よりも相対的に林業生産活動が活発で自営性が高いことが明らかにされてきた。２０００年の間伐実施率をみると、非農家林家の12％に対して農家林家は21％、一林家当たり林業に従事する平均世帯員数は非農家林家０・27人に対して農家林家は０・61人という実態であった。農家林家は、土地所有者という側面だけではなく、農業と林業生産の担い手として、戦後の造林木が利用段階を迎えた今日では素材生産の担い手＝「自伐」として支援することが、山村の地域振興にとっても重要である。つまり、「自伐林家」を林業再生と地域振興という観点から正当に位置づけることが求められる。本章では、制度の批判的考察と統計分析、個別林家の考察を通して、「自伐林家」の農林業生産と地域再生における役割を論じることを目的としている。

(2)「自伐林家」軽視の背景

しかし、これまで農業と林業を有機的にとらえ、また「自伐林業」を地域再生の中核に据えることは、理想論として論じられることはあっても、実証的に、また政策論や運動論として論じられることはきわめてまれであった[2]。農業政策は規模拡大による構造政策が強く指向されながらも、２０００年導入の中山間地域等直接支払制度が、条件不利地域の農業維持の対策として、二度の政権交代を経てもなお政策の柱の一つとして位置づけられてきたのとは対照的である[3]。

そのことは、農政と林政が次の２点で相違していることとも関連している。第一は、土地所有構造の違いである。農地は、戦後の農地解放を経て創出された耕作者である自作農による土地所有を起点としており、近年でこそ株式会社の参入が議論されているものの、ほぼ農家世帯「いえ」の私有地である。しかし、森林は、林家という世帯による私的保有（所有地面積に地上権が設定された分収林地面積を増減して保有という、農地でいうと経営地）は４割程度であり、そのほかは国有や公有（都道府県や市町村、財産区）、企業有、共有、各種団体有である。またそれらは地域的に偏在している。さらに、林野所有とは別に慣習的な入会権が残存している地所も存在する。そのため、林業経済の分野では、国有林経営、公有林経営、企業林経営、入会林野の研究とならんで、林家経営研究がある。農業経営とは、すなわち農家経営とその協業組織（農業生産法人や集落営農組織等）を指すのとはまったく異なっている。さらに、林野の場合、戦後の土地改革が計画段階で頓挫したため、林家（1ha以上の山林を保有している世帯）と一口でいっても、経営行動が大きく異なる家族経営的な中小規模林家と、おもに雇用や委託に依拠する大規模林家が併存している[4]。

第二は、協同組合である農協と森林組合の違いである。農協の組合員は生産過程を担う農業者であり、農協は購買や販売、共済、金融面での協業を担当する。一方、森林組合は森林所有者、したがって経済的性格が異なる大規模層と中小規模層を組合員とし、多くの森林組合は購買や販売だけではなく、作業班組織を有し、組合員や公的森林などの員外から施業や経営の委託を受けて生産過程を担っている[5]。政策的にも旧林業基本法（１９６４年制定）下の林業構造改善事業時代からつねに、森林組合による生産体制の強化が図られてきた。林政では協業化の促進とは森林組合の生産、販売、流通体制を確立・強化するための資本整備と同義であったといってもよい。森林組合が生産過程を担うということは、ときに組合員による木材生産と競合する面があるということを意味する。

さらに、行政的には、国有林経営の比重が予算的、人員的に大きいということからくる林野庁の「経路依存的」な体質[6]や土砂災害が多いという国土にあって民有林予算に占める治山事業の割合が高いということも、わが国の林野行政が資源・産業政策を中心とし、地域政策を軽視してきた背景にある。

こうしたなかで地域再生の道程に「自伐林業」を位置づけていくためには、自営的な林家の実態を冷静に把握することがまず必要である。同時に「自伐林業」の可能性や地域社会での役割を論じるためには、現場での運動論的な考察が求められる。その現実のなかから、上記で述べた森林・林業をめぐる独自の課題をも包摂した下からの地域再生の動きを読み取ることが今日求められる。

（3）木材需給の動向と2000年代の林業政策の概観

さて、具体的な制度や統計分析に入る前に、林業動向について概観しておきたい。

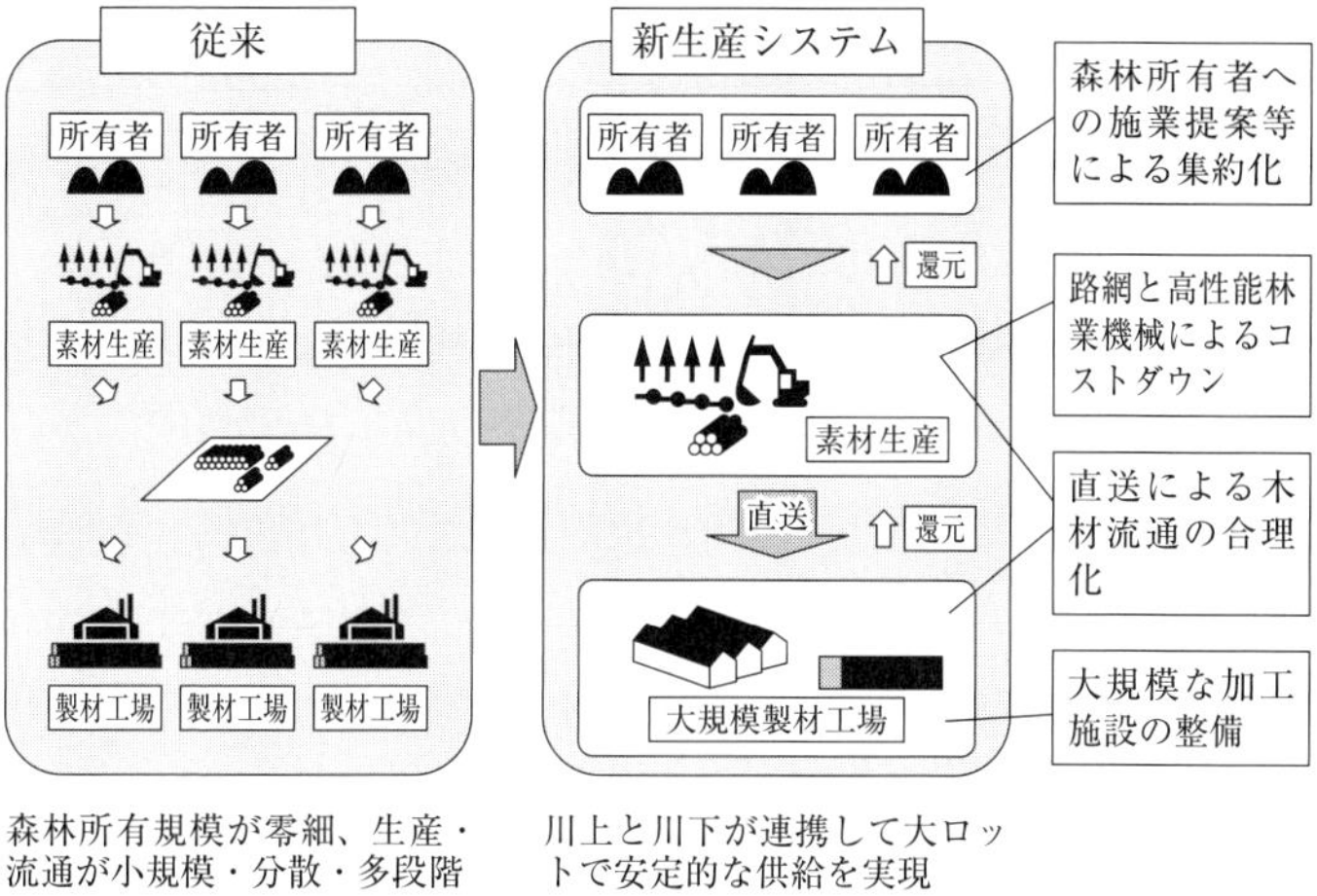

図１−１　「新生産システム」のイメージ図

資料：林野庁（2012）「平成23年度　森林・林業白書」。

（http://www.rinya.maff.go.jp/j/kikaku/hakusyo/23hakusyo_h/all/a56.html）

（取得年月日　2013.11.20）


１９６０年代に木材需要急増を受けて、丸太の完全自由化をはじめ木材関連の関税はほぼ撤廃された林業は、69年には木材自給率50％を割り込んだ。その後、１９７０年代の変動為替相場制の導入以降は為替相場に翻弄され、１９８５年のプラザ合意以降の円高は木材価格の下落、丸太から製品輸入への移行をもたらした。さらに１９８０年代の木材需要の変化が銘柄づくりで生き残りをかけていた木材産地を直撃することとなった。すなわち柱と壁が見えないクロス張りの大壁工法や和室の減少は、無節のヒノキ材などおもに和室や玄関等に使われる高単価な木材需要を減少させた。一方で、阪神・淡路大震災を契機として、住宅への耐震ニーズが高まることによって、木材に対して寸法安定性や強度が求められ、それに対応できた北欧からの製品輸入量が増加し、２００２年には木材自給率が18・２％と過去最低を記録した。

しかし、２０００年代後半以降、木材自給率は徐々に回復し、２０１２年には27・９％となった。自給率向上は、分母の木材総需要量の減少の影響もあるものの、分子の国産材の用材生産量が２００２年の１６０７万㎥から12年には１９６９万㎥へと10年で15・４％拡大したことによるものである。木材価格が下落し続けるなかでの生産拡大は「林業復活」の兆しとして、大いに期待されるようになった。この自給率向上の要因として、資源の充実（人工林資源の伐採期の到来）や貿易条件の変化（ロシアによる木材輸出関税の引き上げや円・ユーロ為替の変化）、合板生産における技術革新、製材工場の大規模化、木材加工・流通政策（「新流通・加工システム」（２００４～２００６年度）と「新生産システム」（２００６～２０１０年度））による効果などが指摘されているところである。[7] 図１－１の「新生産システム」のイメージ図に端的に示されているように、政策的には大規模生産・大規模流通への体制整備に力点が置かれてきた。

こうしたなかで登場した民主党政権は、２００９年に「森林・林業再生プラン」（以下、再生プラン）を発表し、10年後に木材自給率50％の達成を目標に掲げ、林業再生を新成長戦略に位置づけることとなった。

２　再生プランの論争点――山村振興と「自伐林家」の位置づけ

（1）再生プランを問う意義

再生プランは、２００９年からの検討委員会での議論を通じて、翌年７月に「森林・林業の再生に向けた改革の姿」がとりまとめられ、それを受けて２０１１年に森林法が改正された。再生プランの施策形成過程の批判的な考察は拙稿[8]で行なったところであり、２０１２年12月の自民党への再政権交代によって、有効性は減じている。

しかし、再生プランは「10年後に木材自給率50％」と「コンクリートから木の社会へ」を目標に掲げ、林業の再生に向けた議論が研究者はもとより林業界を挙げた議論を喚起した。五つの検討委員会（森林・林業基本政策、路網・作業システム、森林組合改革・林業事業体育成、人材育成、国産材の加工・流通・利用）が林野庁内に設置され、その委員会の議事内容と配付資料が随時公開され、体系的な議論がなされた点は注目されてよい。準フォレスター研修などの人材育成プラグラムの充実や林内路網の作設指針の作成など効果を上げている事項も多い。

また、再生プランの議論を経て、２０１１年に森林法が改正され、森林計画制度[9]が大幅に改定された。改正のおもな点は、①市町村森林整備計画および②その下位計画である「森林施業計画」が

「森林経営計画」に変更されたことである。市町村森林整備計画は森林管理のマスタープランと位置づけられ、策定にあたっては地域の資源状況とその施業の計画だけではなく、所有者をまとめる「集約化」計画や路網計画、そして市町村独自に設定できるゾーニングを可能にする分権的な改革とされた。一方、「森林経営計画」への変更は、再生プランの「改革の本丸」[10]とされるものである。森林経営計画とは、「『森林所有者』または『森林の経営の委託を受けた者』が、自らが森林の経営を行なう一体的なまとまりのある森林を対象として、森林の施業および保護について作成する5年を1期とする計画」である。２０１２年度から計画策定者に限定した「森林管理・環境保全直接支払」が開始されている。後述するように、この森林経営計画の厳しい要件に対して、自民党への政権交代後、運用面でさまざまな緩和措置が講じられてきており、執筆段階（２０１３年12月）では流動的な部分もある[11]。しかし、森林法や森林計画制度を大きく変更するような議論とはなっていない。

そのため、「再生プラン」において議論された点、あるいは逆に議論されなかった点、および川上の構造改革のために導入された森林経営計画制度と直接支払（森林管理・環境保全直接支払）の性格を知ることは、今後必要とされる「自伐林家」を支援するための施策形成を促すためにも必要な作業である。

(2) 再生プラン議論の与件と課題——欠落した議論

再生プランの議論であらかじめ与件とされたことが2点ある。

第一の与件は、森林所有者は林業に対する関心を失っており、森林管理能力を喪失しているという認識である。森林所有者は「意欲と能力」のある経営体へ施業を長期委託、できれば将来、経営委託や信託契約を結んで大規模効率的な作業システムの構築に協力すべき客体として位置づけられた。そのため、再生プランの関心事はもっぱら、「施業集約と路網整備を一体的に推進すること、その前提として森林組合改革と包括的な人材育成を推進すること、（中略）木材生産量を４０００～５０００万㎥に増やすこと[12]」に議論が集中した。この点については、再生プランの議論の過程でも多くの論者が、過去の政策評価や素材生産の担い手の現状分析の不十分さを指摘しているところである[13]。

また、森林所有者の森林への関心が一律に低いと断じることで、林業の地域構造に関しても委員会ではほとんど議論がなされなかった。再生プランモデルとされたのは、富士森林再生プロジェクトであり、「施業集約、路網整備、利用間伐と、そのための人材育成であるプランナー研修の原型が富士森林再生プロジェクトであるとするなら、これこそ、『森林・林業再生プラン』へとつらなる源流[14]」とされるように、全国一律に同一手法で川上の構造改革が論じられたのである。

第二の与件は、木材価格は国際市場で決定され、価格問題を議論しないということである。「再生プランにおける改革への強い意志は、最終報告書の前文に（中略）、日本林業が困難に陥った理由として必ず出てくる『材価の低迷』という言い訳の文言は一切入っていない[15]」という記述に端的に示されている。この点は、１９８５年以降の急激な円高による木材価格下落が与えた影響までも林業内部の怠慢として問題を転嫁することにも繋がる。木材価格問題は森林所有者や林業経営者の重要な関心事であり、生産振興は需給調整のあり方や価格形成問題と対で議論されるべき事項である。しかし、前掲図1-1に示されているように、大規模木材産業に木材を安定的に供給しうる山側の体制を確立できれば、流通・加工段階のコスト削減効果は山側に還元しうる（立木価格の上昇）という予定調和を前提に、制度が設計された。

（3）雇用拡大のみに限定された山村振興

「再生プラン」は「森林の多面的機能の持続的発揮を目的とする資源政策としての森林政策と私有林での林業生産活動を支援する産業政策としての林業政策[16]」とされ、地域政策のあり方が論じられたわけではない。また、産業政策は山村振興という地域政策とは別ものであり、別途議論すべきだとする主張もある[17]。しかし、生産性向上による構造政策がどういった担い手を育成するのかは、同時に地域のどういう主体にマイナスの影響を与えるのかということが認識されねばならないし、行き過ぎた構造改革は地域の空洞化を招く恐れもある。

五つの検討委員会のうち路網・作業システム検討委員会の最終報告書では、自伐林業の可能性や山村振興に関して次のように言及している。

「路網の形成により繰り返しの搬出間伐が可能となれば（中略）、単に財産を備蓄するのみであった小規模森林所有者が、再び所有森林の経済的利用に回帰する動きが出てくることも考えられる。そのような自発的な木材生産を地域林業の新たな要素として捉え、森林組合や森林施業プランナーの働きかけなどを通じて森林経営に組み込めるようになれば（中略）地域の雇用の創出や所得機会の確保といった、中山間地域や山村地域の活性化も視野に入れていくことが可能となる」[18]

しかし、その後の五つの検討委員会をとりまとめた、森林・林業基本政策検討委員会としての最終報告書「改革の姿」（２０１０年11月30日）では、「意欲と能力を有する者による林業生産活動等が継続的に実施されることになり、山村地域における雇用機会の確保に伴う山村の活性化[19]」とされている。すなわち、林家の生産主体としての位置づけおよび家族経営の維持が山村で果たす役割という視点はなく、山村住民へ雇用機会を提供することが山村の活性化だという認識が示された。

二つの報告が示した論点は、山村地域の再生にとって林業振興とは、林業事業体による雇用を拡大することのみでよいのか、自営的な家族経営、つまり自伐林業の育成を位置づけるのかどうかという点である。

（４）森林経営計画の策定条件

再生プラン後の森林法改正で大きく変更されたのが、森林経営計画制度である。前述のように流動的ではあるが、制度化された同制度の骨格を説明しておきたい。

森林経営計画は、「地域で一定のまとまりのある森林」を対象に作成する属地計画と所有者が所有森林を対象に作成する属人計画の２種類がある。再生プランでは、施業の集約化と路網整備のために、属地計画が基本とされる。

属地計画は、当初、林班または隣接する複数林班の面積の2分の1以上の面積をカバーすることが要件とされ、自ら所有または経営を受託している森林を対象として策定することが必要とされた。当初は全て実行力を有する受託者に森林所有者が経営を委託し、委託を受けた者が策定するというかたちで議論されていたが、複数の森林所有者の共同、所有者と「委託を受けた者」の共同、複数の「委託を受けた者」の共同というかたちでの作成も可能とされた。また、２０１３年度には連絡がつかない所有者の森林については、2分の1の分母から除外可能となり、さらに、２０１４年度からは林班にこだわらず市町村が設定した一定の区域の中で30ha以上をまとめれば策定可能とするなどの要件緩和が計画されている[20]。しかし、ここで重要な点は、道路網を開設し、施業を取りまとめて実施する団地の範域が高性能林業機械で効率的に作業しうるといった物理的な意味でのまとまりが主に議論され、集落や大字などの地域社会と森林との関係性の議論がなされなかったことである。

一方、属人計画は「自ら所有している森林の面積が１００ha以上」のものが作成可能とされ、その所有森林および経営を受託している森林のすべてを対象として作成するものとされた。本制度改革前の、森林施業計画段階では属人計画は30ha以上であったので、所有者が単独で計画を作成するための下限面積が30haから１００haまで引き上げられたことを意味する[21]。属地計画でみられるような要件の緩和は、属人計画については計画されていない。

属地計画か属人計画かを決定したのち、具体的に森林経営計画書を作成するためには、森林の経営に関する長期の方針、計画対象森林の現況並びに間伐と主伐の施業履歴、伐採（主伐・間伐）、造林および保育の実施計画、森林の保護に関する事項等の記載が必要である。間伐については切り捨てではなく、搬出間伐を基本とすること、間伐の実施方法（毎年５ha以上の下限面積。10 m^3／ha以上の搬出、および市町村が定めた間伐間隔で施業を実施など）や主伐の上限面積（成長量以上の伐採を回避する等）が設定された(22)。計画策定に際しては、市町村長に計画書を提出し、市町村森林整備計画に適合しているかのチェックを受けて認定を受けることが必要である。

（５）「森林管理・環境保全直接支払い」の仕組み

そして森林経営計画を策定したものに限定として支払われることとなったのが「森林管理・環境保全直接支払い」（以下、森林・環境直払と略）である。造林補助金制度を組み替えたものであり、以前は計画を策定していない者でも、査定係数によって計画策定者との差はあったものの、補助を受けることができていた。制度の変更によって、森林経営計画を策定した者のみに支払いが限定されるようになった。この点が、森林・環境直払制度の第一の特徴である。

第二の特徴は、支援対象の施業は植林、下刈り、倒木起こし、枝打ち、除伐、間伐、更新伐(23)、森林作業道整備等と施業全般であり、国が標準となる工程を設定する点である。これまでは都道府県が域内の工程と賃金等を参考に標準単価を設定していたが、森林・環境直払は国が示した標準工程を用いて、都道府県は賃金・樹種・平均径級等に応じて標準単価を計算するように変更された。このように施業の工程とさまざまな策定要件が国によって指定されており、森林経営計画をみる限り、市町村への分権というよりも、むしろ国の権限強化の側面が強い。

第三は、生産量に応じた支払いだという点である。これまでの国庫の間伐補助金は面積に応じた支払であったが、森林・環境直払は間伐と更新伐への助成は施業実施面積1ha当たり平均10㎥以上の木材を搬出すること、10㎥以上は搬出材積量が10㎥増えるごとに、したがって生産物量に応じて支払額が増加する仕組みとなっている。切捨間伐から搬出間伐へ、また間伐材積と更新伐の材積に応じた直接支払制度の導入は市場に対して供給量増加のメッセージを送ることになる。

第四に、搬出の支払単価は車両系集材と架線集材とに分けられ、架線集材のほうが高く設定されている点である。架線集材は車両系集材に比べるとコスト高になるものの、林地の攪乱を押さえるという意味で環境保全的であり、この点では環境直接支払という面を有する。

第五は、標準単価の一部である間接費は雇用の有無と雇用条件（保険加入状況等）によって異なり、自家労働力で実施するよりも雇用労働力で施業を実施するほうが、支払額が高くなるという仕組みとなっている。労働者の雇用改善を誘導する意図があると思われるが、自伐林業でも災害リスクがあり独自に保険加入しなければならないことを考慮すると、自伐林家軽視の現れともいえる内容である。

以上のように、森林・環境直払はさまざまな要件を課すことで支払対象者を限定し、複雑な性格を有するものとなっている。また、同制度は、林野庁としては初めて「直接支払」を冠する制度であるものの、造林補助金から森林・環境直払へ何を変えたから直払いなのかという点は林野庁の行政文書ではまったく説明されていない。民主党が掲げた政策名をそのまま援用したということだと思われるが、今後、制度史研究や国際的な制度比較という面で混乱を生じることが予想されるため、若干整理しておきたい。

直接支払を生産と連動しない「デ・カップリング」政策として狭義に規定すると、森林・環境直払いは搬出された生産物の量に応じた支払がされるという点で「カップリング」政策であり、明らかに直接支払とはいえない[24]。しかし、「政府が価格を通じないで財政から農家に直接に所得移転する方法（中略）不足支払い政策も直接支払い政策の一つ[25]」とするならば森林・環境直払は各施業の生産費に対する一定割合の助成であり、直接支払といえるであろう。ただし木材生産を増加させる生産物量に応じた支払いは、最低価格支持政策なき不足払い制度であり、制度設計自体に市場価格下落誘因を含んでいるといえる。

さらに、農業経済分野での直接支払の議論において、「『農業ビッグバン』期待論の求める直接支払いは、『構造改革を阻害するばらまき』ではなく、『大規模層である主業農家』に対象を限定した直接支払を主張するだけに、それが逆所得再配分の要求[26]」であり、ＥＵでは環境政策と連動しているのに対して戸別所得政策が「日本の選別的な、構造政策に従属した直接支払い政策[27]」となる可能性が指摘されている。この点で、森林・環境直払いはさまざまな要件を課すことで、家族経営を広範に締め出しかねないという点でビッグバン派の主張を先取りした選別的な構造政策が林政で先取りして導入されたといえるのではないだろうか。

3　農林業センサスからみる「自伐林家」の素材生産と農業生産との関連[28]

（1）農林業センサスの考察にあたって

本節では、２００５年と２０１０年の世界農林業センサス結果を用いて、第一に、この間の木材自給率の向上はどういう経営体が担ったのかを把握し、「自伐林家」の素材生産を析出する。第二に、素材生産の担い手構造の地域的な特質を考察する。さらに、センサスの農業項目と林業項目のクロス集計結果を用いて、第三に、家族林業経営体の農業経営実態を考察し、農業と林業の両面から「農家林家」の特徴を把握する。第四に、集落での森林資源管理の実態を把握する。

分析結果を提示する前に、用いる統計用語について概念図を示しながら説明しておきたい。農林業センサスは２００５年の調査以降、①農家と林家は数のみが把握され、②調査票を配布して経営内容が把握されるのは一定の外形的な経営水準以上のもの（農業経営体と林業経営体）だけとなった、③農家や林家などの世帯単位の経営（家族経営体）とそれ以外の経営体（林業でいうと財産区や会社有林）およびサービス事業体（森林組合や素材生産業者）もすべて1個表で経営実態が把握されるようになった[29]。

経営体の外形基準の導入によって、２０１０年センサスの段階で、1ha以上の山林を保有する林家

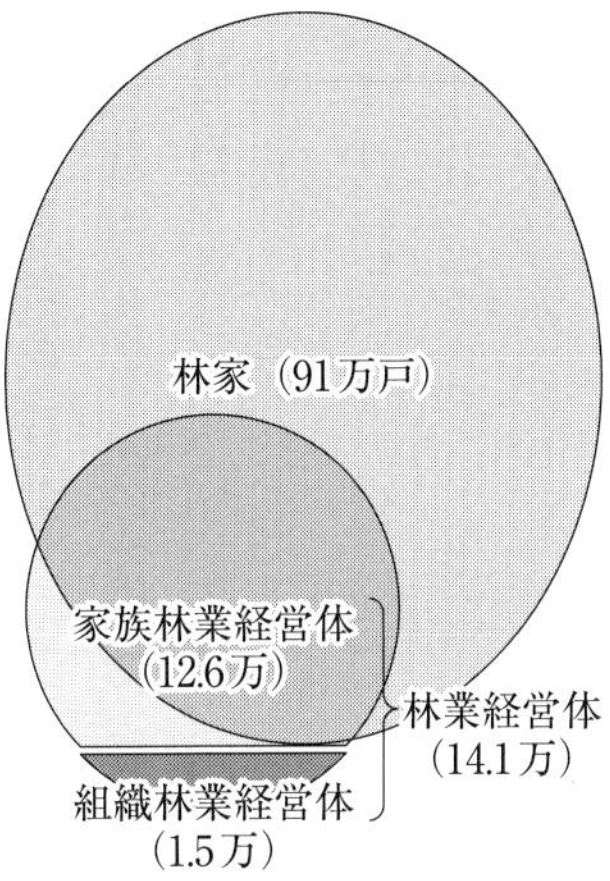

林家：1ha以上の山林を保有する世帯

林業経営体：①かつ②、または③
①保有山林面積が3ha以上で
②育林または伐採を適切に実施するもの〔森林施業計画（次回以降は森林経営計画）に従って施業を行なうまたは調査期日前5年間連続して育林もしくは伐採を実施〕
③委託を受けて行なう育林もしくは素材生産または立木を購入して行なう素材生産（年間200m³以上）を行なうもの

家族林業経営体：世帯単位で林業を行なうもの（個人経営体と1戸1法人）

組織林業経営体：1戸1法人以外の法人（会社や森林組合など）、法人以外の組織、自治体・財産区等

図１－２　林家と林業経営体の定義と関係（2010年センサス時）

は全国に91万戸であるのに対して、家族林業経営体は12・6万（組織経営体数の1・5万経営体と合わせて林業経営体としては14・1万経営体）となった（図1―2）[30]。林業経営体かどうかの基準は、①保有山林面積が3ha以上で、かつ②育林または伐採を適切に実施するもの（具体的には、森林施業計画に従って施業を行なう、または調査期日前5年間連続して育林若しくは伐採を実施）、または、③委託を受けて行なう育林もしくは素材生産または立木を購入して行なう素材生産（調査期日前1年間に200m³以上）のいずれかに該当する経営体である。何らかの緊急出費が必要なときのために山林を保有している林家は調査対象から外されるというハードルの高いものになっている。毎年施業を実施していないものや森林施業計画（現、森林経営計画）の作成を行なっていない約80万の林家の実態は林業経営体の分析からは把握不能に

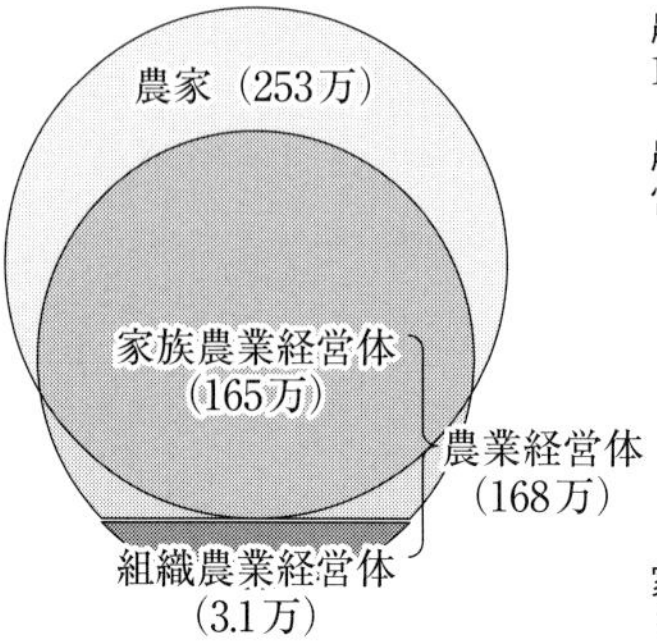

農家：経営耕地面積10a以上または販売額15万円以上の規模の世帯

農業経営体：①～③のいずれかに該当の経営体
①経営耕地面積が30a以上
②作付面積または栽培面積、家畜の飼養頭羽数等の規模が一定の外形基準以上（約50万円相当）
露地野菜15a、施設野菜$350m^2$、果樹10a、搾乳牛・肥育牛飼養1頭等
③農作業の受託事業を実施

家族農業経営体：世帯単位で農業を行なうもの（個人経営体と1戸1法人）

組織農業経営体：1戸1法人以外の法人、法人以外の組織、地方公共団体・財産区等

図1-3　農家と農業経営体の定義と関係図（2010年センサス時）

資料：「2010年世界農林業センサス」より作成。

分析対象1：家族農林業経営体
（家族農業経営体または家族林業経営体）

分析対象2：家族農業・林業経営体
（家族農業経営体かつ家族林業経営体）

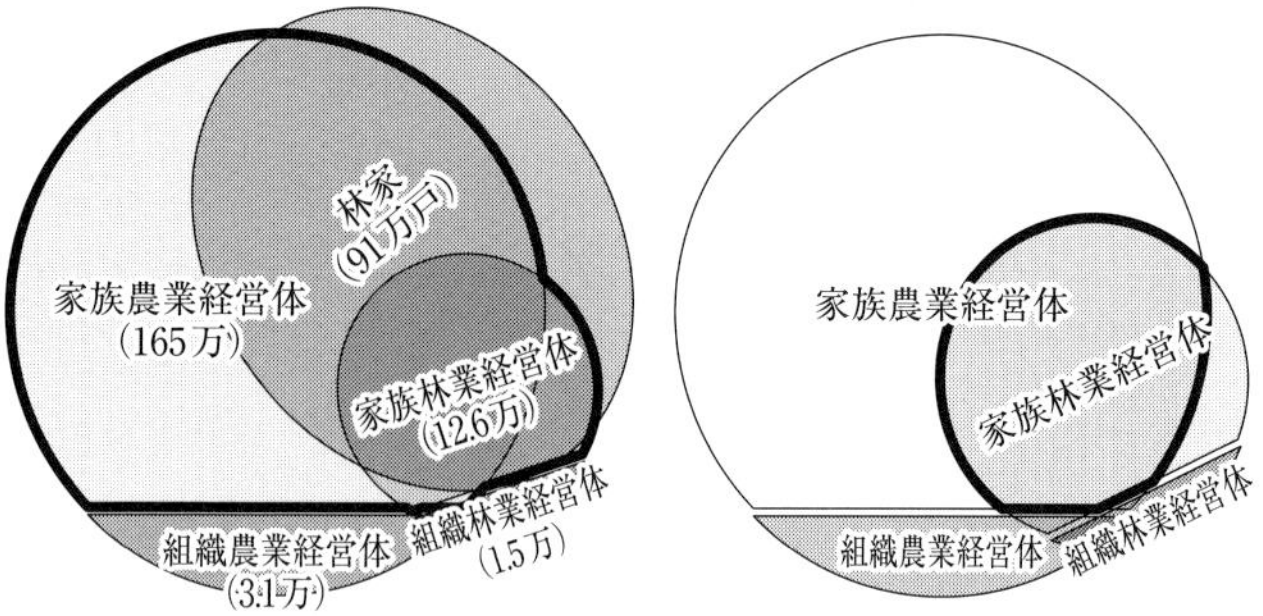

図1-4　家族農林業経営体および「家族農業・林業経営体」概念図

資料：農業項目と林業項目のクロス集計結果から筆者作成。

注：「家族農業・林業経営体」は統計用語として一般に使用されているものではなく、便宜的に「家族農業経営体かつ家族林業経営体」を指して、本稿で用いるものである。

なったことを意味している。

一方、農業調査に関しても同様の統計規定の変更がなされているが、図1-3に示すように、農家数２５３万戸に対して、家族農業経営体数は１６５万経営体であり、農家の３分の２程度はカバーされている。

こうした統計的な制約があるなかで、林業経営体ではない林家の実態をできるだけ広く把握するために、以下の分析では「家族農業経営体または家族林業経営体」のうち山林保有や施業の受託の実態のある経営体を「家族農林業経営体」として、その素材生産の実態把握を試みた（図1-4・左）。これは、農林業に関わる経営体のすべての調査客体に対して、同一調査表で調査がなされるようになったことで可能になった考察である。

さらに、農家林家の農業経営実態を把握するために、農業と林業の経営体基準を満たした、つまり家族農業経営体かつ家族林業経営体である経営体を「家族農業・林業経営体」と表現し、その農業経営の特質の把握を行なった（図1-4・右）。この分析によって、これまで相対的に林業生産活動が活発であることが指摘されてきた「農家林家」を農業経営の側面から考察することができる。[31]

（2）家族林業経営体によって牽引された素材生産の拡大

表1-1は、素材生産を実施した経営体数と素材生産量、および1経営体当たり素材生産量（素材生産規模）を示している。林業経営体については木材自給率が向上した２００５年から２０１０年の

施経営体数と素材生産量

（単位：経営体数、千m³、m³/経営体、%）

素材生産量（千m³）			1経営体当たり生産量（m³/経営体）		
計	保有山林で自ら伐採	受託・立木買い生産	平均素材生産量	保有山林で自ら伐採	受託・立木買い生産
13,824	3,902	9,922	1,015	367	2,485
10,310	1,890	8,420	3,109	1,339	3,754
3,514	2,012	1,501	341	219	858
15,621	4,705	10,916	1,209	442	3,211
（113.0%）	（120.6%）	（110.0%）			
10,997	2,220	8,777	4,061	1,519	5,551
（106.7%）	（117.5%）	（104.2%）			
4,624	2,485	2,139	453	271	1,177
（131.6%）	（123.5%）	（142.5%）			
4,875	2,729	2,146	385	237	1,099
2,981	1,835	1,147	298	198	871

集計）より作成。
あるため、両者の実施経営体数を足しても、実施経営体数計とは一致しない。
す。
を除いたものである。

変化を示している。

林業経営体は大きく家族林業経営体とその他の組織経営体（森林組合や民間素材生産事業体、山林保有会社、地方公共団体等）とに分けることができる。また、素材生産は立木の入手方法の違いによって、「保有山林で自ら伐採」（自家労働力と直接雇用）と「受託・立木買い生産」に分けて実施経営体数と素材生産量が把握されている。その二つの基準によって、次の四つに素材生産を区分ができる。

A：家族林業経営体で「保有山林で自ら伐採」はその多くが自伐林家による生産

B：家族林業経営体で「受託・立木買い」は家族経営の一人親方や自伐林

表１−１　素材生産の実

	実施経営体数		
	実施経営体数計	保有山林で自ら伐採	受託・立木買い生産
林業経営体（2005年）	13,626	10,618	3,993
うち組織林業経営体	3,316	1,411	2,243
うち家族林業経営体	10,310	9,207	1,750
林業経営体（2010年）	12,917	10,645	3,399
(2010/2005)	(94.8%)	(100.3%)	(85.1%)
うち組織林業経営体	2,708	1,461	1,581
(2010/2005)	(81.7%)	(103.5%)	(70.5%)
うち家族林業経営体	10,209	9,184	1,818
(2010/2005)	(99.0%)	(99.8%)	(103.9%)
家族農林業経営体*	12,666	11,530	1,953
うち家族農業経営体**	10,000	9,264	1,316

資料：農林水産省「2005年農林業センサス」および「2010年農林業センサス」（組替
注：１.「保有山林で自ら伐採」し、かつ「受託・立木買い生産」を行なう経営体が
　２．家族農林業経営体*とは、家族農業経営体または家族林業経営体のことを示
　３.「うち家族農業経営体」**とは家族農林業経営体のうち「林業経営体のみ」

家のグループ、一部他の林家から受託等による生産

C：組織経営体の「保有山林で自ら伐採」は主に企業林や自治体有林の直接雇用による生産

D：組織経営体の「受託・立木買い」は森林組合の素材班や民間の素材生産事業体による生産

素材生産を実施した林業経営体数は２００５年から２０１０年の５年間で、１万３６２６から１万２９１７へと５％減少しているが、素材生産量は１３８２万m³から１５６２万m³へと13％上昇している。この間の木材自給率の上昇を反映している。

２０１０年の生産量のうち家族林業経

営体（ＡとＢ）は４６２万４０００㎥で素材生産の約３割を占め、実施経営体数ではほぼ横ばいにもかかわらず、素材生産量を５年間で30％以上伸ばしている。とくにＢの家族経営体の受託・立木買いがプラス43％であり、１８１８の家族経営体は保有山林だけではなく他者の山林の素材生産を担っている。[32] しかし、２０１０年でも４６２万４０００㎥のうち２４８万５０００㎥（素材生産量計の16％）は保有山林からの生産（Ａ）である。一方、組織経営体も生産量を伸ばしているが、７ポイント増に留まっている。組織経営体は一経営体当たり生産量を５年間で拡大しているものの、この間に組織経営体数が３３１６から２７０８へと18％減少したからである。

生産規模を比較すると、家族経営体は４５３㎥／経営体（保有山林の伐採では２７１㎥／経営体）、組織経営体は４０６１㎥／経営体（受託・立木買いでは５５１㎥／経営体）とまったく異なっており、生産体系が異なっていることを示している。

つまり、以上の結果は、２０００年代後半の素材生産量の拡大が、雇用労働力を用いた大規模な組織林業経営体によってではなく、じつは自家労働力を中心とした家族林業経営体によってより牽引されたことを示している。

（3）「自伐林家」の素材生産力——家族農林業経営体による素材生産

さらに、表1-1の下段には、林業経営体の要件は満たさなかったものの素材生産実績のある家族農業経営体を加えた、家族農林業経営体、またそのうち農業経営体のみの素材生産を掲載している。

これによって、林業経営体の要件を満たさない、農業経営体として把握された経営体も含め、より小規模な生産を行なう家族農林業経営体の素材生産の実態が把握できる。

２０１０年センサス時点で１万２６６６の家族農林業経営体が素材生産を実施し、その素材生産量は４８８万㎥であることがわかった。その家族農林業経営体のうち保有山林で自ら伐採するものを「自伐林家」だと狭義に捉えると、１万１５３０経営体があり、平均２３７㎥／経営体と小規模ながら、その素材生産量は２７３万㎥となる。２０１０年の全国の素材生産量は１７１９万[33]㎥であり、その16・５％が「自伐林家」による生産だと推定できる。これは全国第2位の素材生産県である宮崎県の生産量に匹敵するものであり、けっして小さい数字ではない。

次に、家族農林業経営体で素材生産を実施した経営体を抽出し、保有山林規模および経営耕地面積規模別に集計を行なった（表1-2）。１万２６６６の素材生産実施の経営体のうち、49％は保有山林規模が3～20ha、ついで3ha以下24％、２０～１００haが23％で１００ha以下層が95％を占める。生産量の比率では保有山林１００ha以上の割合が増加するものの１割に満たず、9割は１００ha未満層による生産である（本素材生産量は別の経営体に委託したものは含まれず、保有主体が家族労働力または直接雇用によって素材を生産した量である）。つまり、前節で森林経営計画制度の導入によって１００ha以下の所有者は個人で属人計画を策定することができなったことを説明したが、このことは１００ha以下層がおもに担っている家族農林業経営体による素材生産を正当に位置づけないということを意味したのである。

経営体による素材生産実態

（単位：経営体、千m³、m³/経営体、%）

素材生産量（千m³）							
計（比率）		保有山林規模					
		3ha 以下	3－ 20ha	20－ 100ha	100－ 500ha	500－ 1,000ha	1,000ha 以上
4,875	(100.0%)	1,146 (23.5%)	2,078 (42.6%)	1,201 (24.6%)	379 (7.8%)	47 (1.0%)	24 (0.5%)
2,729	〈56.0%〉	260 〈22.7%〉	1,331 〈64.1%〉	825 〈68.7%〉	274 〈72.2%〉	30 〈63.7%〉	9 〈38.4%〉
385		380	332	414	846	1,550	2,415
1,434	(29.4%)	355	557	301	180	22	19
505	(10.4%)	49	197	204	47	3	5
425	(8.7%)	51	193	135	46	1	－
861	(17.7%)	256	359	210	24	12	0
624	(12.8%)	280	174	151	18	0	－
292	(6.0%)	45	190	51	7	0	－
297	(6.1%)	37	165	72	14	8	－
163	(3.3%)	29	97	34	3	－	－
171	(3.5%)	35	109	24	3	－	－
103	(2.1%)	9	39	20	36	0	－

く、受託・立木買取しているものであっても、保有山林から伐採しているものはカ

千m³）に対する比率を示す。〈 〉は各保有階層別の経営体および素材生産量のうち

表１−２　家族農林業

		素材生産経営体数							
		計（比率）		保有山林規模					
				3ha以下	3－20ha	20－100ha	100－500ha	500－1,000ha	1,000ha以上
総数			12,666	3,017	6,260	2,901	448	30	10
(比率)			(100.0%)	(23.8%)	(49.4%)	(22.9%)	(3.5%)	(0.2%)	(0.1%)
うち保有山林から伐採*			11,530	2,486	5,810	2,766	432	28	8
保有山林比率			〈91.0%〉	〈82.4%〉	〈92.8%〉	〈95.3%〉	〈96.4%〉	〈93.3%〉	〈80.0%〉
素材生産規模（m^3/経営体）			−	−	−	−	−	−	−
経営耕地規模別実数	経営耕地なし	1,467	(11.6%)	178	691	420	154	17	7
	0.3ha未満	1,433	(11.3%)	85	806	459	78	3	2
	0.3〜0.5ha	1,758	(13.9%)	488	848	371	50	1	−
	0.5〜1.0ha	3,320	(26.2%)	1,020	1,555	669	71	4	1
	1.0〜1.5ha	1,710	(13.5%)	536	809	329	35	1	−
	1.5〜2.0ha	870	(6.9%)	251	430	172	16	1	−
	2.0〜3.0ha	887	(7.0%)	211	459	200	16	1	−
	3.0〜5.0ha	641	(5.1%)	147	344	142	8	−	−
	5.0〜10ha	329	(2.6%)	72	188	66	3	−	−
	10.0ha以上	251	(2.0%)	29	130	73	17	2	−

資料：農林水産省「2010年世界農林業センサス」（組替集計結果）より作成。

注：１．「保有山林から伐採」*の経営体数は、保有山林からだけという意味ではな
　　ウントされている。

　２．比率の（ ）は素材生産実施経営体数（12,666）および素材生産量計（4,875
　　保有山林から伐採している経営体数および素材生産の比率を示す。

経営耕地面積別にみると、「経営耕地なし」の経営体数が12％（生産量では29％）で、残りの88％は経営耕地がある。耕地規模0・3～1・5ha層が家族農林業経営体の素材生産実施の経営体数にして54％、生産量にして39％を占める。このように、約1割は経営耕地がない経営体で、山林が小規模な場合は保有山林からだけではなく、受託や立木買いを中心に素材生産を行なっている。しかし、9割は耕地を有する農家であり、「自伐林家」の多くが農業と結びついた経営だといえる。

（4）「自伐」による素材生産の地域構造

次に、本節での2番目の目的である、素材生産の地域的特徴をみてみる。（2）の林業経営体による素材生産の担い手と伐採立木の入手方法で区分したA～Dの形態に分けて、地域別に生産量の構成比を示したのが図1-5である。地域差が非常に大きいことを示している。

AとBを合わせた家族林業経営体による素材生産が全素材生産量の4割を超えている地域（北九州、山陽、近畿）がある一方で、南関東と北海道は2割に満たない。また、家族林業経営体による素材生産のA「保有山林から」とB「受託・立木買い」の内訳をみると、四国、南関東、北陸、山陰、東海ではAが7割以上であるのに対して、南九州、北九州、東山、東北はBが過半を超えている。組織林業経営体をみても、Cの「保有山林から」の比率がとくに南関東、近畿、東山で高いのに対して、D「受託・立木買い」は北海道、東北、北陸、山陰が高い。

このように、素材生産主体の形態は地域によって異なり、「家族林業経営体が保有山林から自ら伐

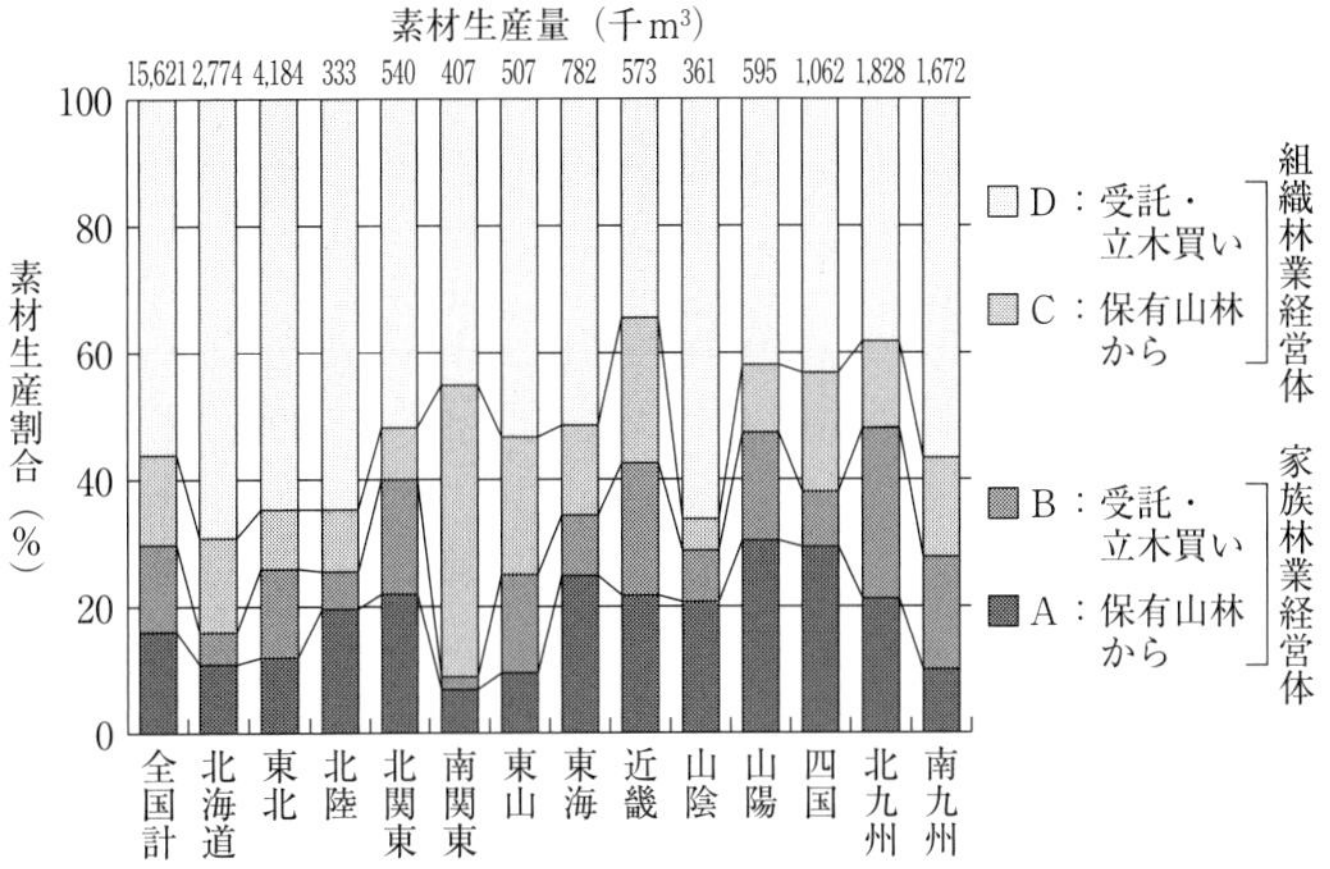

図1-5　地域別にみた素材生産形態の割合

資料：「2010年世界農林業センサス」より作成（以下、図表同じ）。

採」（狭義の自伐林業）の比率は、山陽、四国、近畿、北関東、北九州、山陰で域内素材生産の２割以上となっている。

次に、素材生産を実施した家族農林業経営体の農業の構造を地域別にみておきたい。１万の家族農業経営体に関して地域別に農業経営組織の割合を示したのが表1-3である。地域別に経営体数でみると北九州が１６７１経営体でもっとも多く、次いで東北（１４９６経営体）、山陽（１０７７経営体）、東海（１０５０経営体）、南九州（１０４０経営体）が全体の10％以上を占める地域である。素材生産シェアをみると、東北が全体の25％を占め、次いで北九州が23％、四国が11％となり、３地域で６割弱の素材生産を占めている。北海道は経営体数比で２・４％、素材生産量比で４％を占めるにすぎず、家族農林業経営体による素材生産シェアは

経営体数の地域分布と農業経営組織別割合

（単位：経営体、m^3、%）

農業地域別割合								
南関東	東山	東海	近畿	山陰	山陽	四国	北九州	南九州
145	466	1,050	642	379	1,077	825	1,671	1,040
(1.5)	(4.7)	(10.5)	(6.4)	(3.8)	(10.8)	(8.3)	(16.7)	(10.4)
56.6	58.8	65.0	65.1	71.8	71.2	56.1	55.2	60.5
29.7	34.5	39.1	52.0	61.7	62.0	26.8	31.0	27.7
2.1	1.1	14.9	1.7	0.0	0.7	2.8	3.4	3.0
6.2	7.9	2.7	2.0	1.1	1.5	4.8	3.4	1.7
0.0	0.4	1.6	2.2	0.5	0.3	3.8	2.3	1.3
4.1	9.0	2.0	3.6	2.4	2.2	11.2	3.7	3.0
6.2	1.5	1.9	2.2	0.3	1.5	1.7	1.4	1.3
6.2	3.0	1.3	1.1	3.2	1.0	3.8	6.2	8.8
2.1	1.3	1.5	0.3	2.6	1.9	1.3	3.9	13.8
18.6	21.5	16.3	15.3	15.8	16.3	20.7	26.6	22.8
10.3	8.4	5.4	6.2	6.6	4.7	6.3	10.4	8.3
14.5	11.4	13.2	13.4	5.8	7.7	16.8	7.8	8.5
22,915	81,717	137,833	120,761	69,163	235,990	317,730	682,173	265,674
(0.8)	(2.7)	(4.6)	(4.1)	(2.3)	(7.9)	(10.7)	(22.9)	(8.9)
158	175	131	188	182	219	385	408	255

のを示す。

家」、準単一複合経営**とは「主位部門の販売金額が6割以上8割未満の農家」、複

小さい。1経営体平均の素材生産量についても地域的な差があり、東北では495m^3／経営体、北海道と北九州が400m^3／経営体を超えている一方で、東海では131m^3／経営体と3倍以上の差がある。これは、保有山林面積のほか、人工林率や林齢、搬出条件（作業道密度や傾斜度等）、農業の作物構成などの違いによるものと考えられる。

農業との関連をみるために農業経営組織別の経営体比率をみると、素材生産を実施している1万戸は、経営体割合で稲作単一経営割合が42％と全国の農業

表1−3　素材生産を行なう家族農業

		全国計・平均	農業地域別割合			
			北海道	東北	北陸	北関東
過去1年間に素材生産を行なった経営体数		10,000	236	1,496	444	529
（全国計に対する比率）		(100.0)	(2.4)	(15.0)	(4.4)	(5.3)
農業経営組織別経営体数の割合	単一経営*	62.5	46.2	61.4	84.2	63.5
	稲作	41.8	8.1	46.7	79.3	43.3
	工芸農作物	3.4	0.4	1.8	0.5	3.8
	露地野菜	2.9	4.7	2.4	1.4	3.6
	施設野菜	1.4	1.7	0.7	0.5	1.1
	果樹類	3.7	0.8	1.7	1.6	4.2
	花卉・花木	1.4	0.4	1.1	0.2	0.6
	その他の作物	3.8	6.4	3.3	0.5	4.0
	畜産	4.1	23.7	3.7	0.5	3.0
	準単一複合経営**	19.4	19.5	19.7	7.2	15.7
	複合経営***	7.7	26.3	8.6	1.4	5.9
	販売なし	10.5	8.1	10.4	7.2	14.9
過去1年間の素材生産量（m^3）		2,981,453	111,616	739,966	64,500	131,415
（全国計に対する比率）		(100.0)	(3.7)	(24.8)	(2.2)	(4.4)
経営体当たり素材生産量（m^3/経営体）		298	473	495	145	248

注：１．薄網をかけた部分は、全国平均の農業経営組織別経営体割合よりも高いも
　　２．単一経営*とは「農産物販売金額のうち主位部門の販売金額が８割以上の農
　　　合経営***とは「主位部門の販売金額が６割未満の農家」を指す。

経営体の平均52％に比べて低く、「稲作以外の単一経営」「準単一経営」「複合経営」の割合が高いことが指摘できる。素材生産量シェアでみるとさらに顕著であり、稲作単一経営による素材生産割合は34％に下がる（素材生産量の農業経営組織別割合の表出は略）。

地域的な特色をみると、①四国では果樹単一経営が素材生産経営体の11％であるが、素材生産量では24％を占める、②東北では畜産と栽培きのこ類を含む「その他の作物」の単一経営が併せて経営体数としては７％であるが、素材生産量では26％を

占める、③北九州では準単一と複合経営からの素材生産量が56％を占める、④南関東では花卉《かき》・花木単一経営による素材生産が16％と高い。一方、農作物「販売なし」の農林業経営体が11％で、生産量で14％を占め、地域別に東山、北関東、東海、南九州では4分の1以上の素材生産が「農作物販売なし」の家族農林業経営体が担っていることも示された。このように、素材生産と農業の作物構成は地域によって異なり、農業との関連性を考慮することによって、農林業を有機的に結びつけた「自伐林家」の育成策を提起することが可能になると思われる。たとえば、樹園地と林地を効率的に結ぶ作業道、間伐材を活用した畜舎、チップボイラーの加温による施設園芸や花卉栽培など農林複合的で自伐経営のコストダウンと木材の地域内循環の施策である。

（5）家族農業・林業経営体の農業面から見た地域での役割

以上、２０１０年センサスで過去1年間に素材生産を実施した経営体をできるだけ広く抽出し、その特徴について考察してきた。本項では逆に、林業経営体の要件を満たした家族農業・林業経営体（前掲図1-4の右部分）、つまり森林施業計画（現、森林経営計画）を策定、または継続的に森林の施業を実施している経営体を対象とした分析結果を紹介したい。家族農業・林業経営体の山村地域での役割を論じるために、保有山林階層別に三つの農業項目について考察を行なった。

第一は、家族林業経営体数のうち何パーセントが農業経営体（＝家族農業・林業経営体）であるかという点である。全国的には、12万６０００経営体の家族林業経営体うち９万２０００経営体が農業経営体であり、その比率は73％である。表1-4はその比率を、保有山林規模別かつ地域別に示している。保有階層別にみると、大規模層ほど割合が低くなっており、30ha以下では70％台、30～１００ha層では60％台、１００～５００ha層50％台、５００ha以上では40％台となる。地域別にみると北海道は平均で55％と低いものの３～１００ha層は過半が農業経営体である。東北と北関東では80％台、近畿を除く西日本が70％台であり、都府県でもっとも低い近畿でも63％である。２０００年までの農林業センサスによって林家のうち農家林家の減少と非農家林家の増加が指摘されてきたところであるが、２０１０年段階においても林業を営む家族林業経営体のうち、東日本では東北、西日本では近畿を除いた地域では１００ha以下層ではおおむね３分の２以上が農業経営体でもある。

第二は、家族農業・林業経営体のうち販売農家でもある９万１０９９経営体の主業農家率についてである。主業農家とは、「農業所得が主で、調査期日前1年間に自営農業に60日以上従事している65歳未満の世帯員がいる農家」である。65歳未満の世帯員が農業に従事する主業農家の存在は、個別農家としての持続という点だけではなく、集落営農組織の運営やオペレーターとしての担い手としても期待されているところであり、地域の農林地管理の継続という点でも重要である[34]。

山林保有階層別に主業農家率をみると（表1-5）、５ha未満の小規模層と５００ha以上の大規模層は20％以下、20～１００ha層の中規模層で25％以上となっている。農業地域別にみると、もっとも主業農家率が高いのは北海道（72％）であり、次いで北九州（27％）、南九州（27％）、東北（24％）、北関東（22％）である。一方で、10％以下の地域が北陸（９％）と山陽（10％）であり、地域によっ

体のうち農業経営体（家族農業・林業経営体）比率

（単位：経営体数、%）

保有山林規模						
10～20ha	20～30ha	30～50ha	50～100ha	100～500ha	500～1,000ha	1,000ha以上
25,710	9,008	6,408	3,425	1,516	108	34
18,794	6,436	4,414	2,135	781	46	14
73.1	71.4	68.9	62.3	51.5	42.6	41.2
57.3	57.1	59.4	54.5	47.5	25.0	25.0
82.2	**81.2**	**81.0**	72.1	67.4	57.1	50.0
84.0	**79.5**	**74.1**	56.3	43.6	66.7	**100.0**
63.6	59.2	35.4	47.7	35.7	0.0	−
63.1	57.8	60.3	49.0	35.6	50.0	0.0
65.8	63.0	53.7	51.5	64.7	0.0	−
67.0	67.2	64.0	57.9	41.9	35.0	50.0
60.8	58.3	54.1	50.1	44.8	27.8	10.0
78.6	**75.9**	**77.9**	71.0	61.8	60.0	**100.0**
78.7	**77.6**	72.5	69.0	72.0	66.7	**100.0**
78.7	**77.6**	**74.5**	69.4	57.9	**83.3**	**100.0**
78.2	**74.2**	70.0	64.5	49.3	25.0	−
74.3	**78.3**	**77.6**	**75.8**	55.6	**100.0**	−
−	−	−	−	0.0	−	−

て主業農家率が大きく異なっている。

保有山林規模20～100haの中規模層で主業農家率が高いという傾向は、東海以西と北海道、東北では同様であるものの、関東、北陸、東山では山林保有規模と主業農家率の関連は指摘できない。つまり、保有山林の中規模層は65歳未満の世帯員が60日以上農業に従事する率が高いといえる地域といえない地域に二極化しており、資源管理の担い手が地域内部に存在する地域と外部に見出すべき地域に分けた施策の必要性を示唆して

表1－4　地域別保有山林規模別にみた家族林業経営

		総経営体数	保有山林規模			
			平均	3ha未満	3～5ha	5～10ha
家族林業経営体（A）		125,592	－	1,551	39,077	38,755
家族農業・林業経営体数（B）		91,941	－	1,194	29,510	28,617
農業・林業経営体比率（%）（B/A）		－	73.2	**77.0**	**75.5**	**73.8**
農業地域別（%）	北海道	5,297	55.2	37.8	52.3	54.7
	東　北	18,942	**80.7**	**74.6**	**80.4**	**81.3**
	北関東	4,538	**84.0**	71.2	**88.8**	**86.1**
	南関東	1,300	69.4	**78.0**	**80.0**	71.1
	北　陸	5,495	66.8	**85.1**	70.6	68.1
	東　山	2,938	69.7	**78.3**	**75.1**	70.1
	東　海	9,441	67.1	**80.8**	69.7	67.9
	近　畿	6,736	63.3	64.2	69.0	63.9
	山　陰	5,211	**77.5**	**81.1**	**76.9**	**78.4**
	山　陽	10,739	**76.8**	**86.4**	**76.0**	**76.8**
	四　国	7,433	**77.0**	**87.3**	**77.4**	**76.8**
	北九州	9,733	**78.4**	**84.0**	**80.1**	**80.4**
	南九州	4,138	**78.1**	**73.9**	**83.4**	**76.1**
	沖　縄	0	0.0	－	－	－

注：太文字は全国平均の73.2％よりも高い数字である。

いる。

第三は、農業生産関連事業を行なっている経営体割合についてである（図1－6）。この項目は、地域振興に不可欠とされる農産物の加工や直接販売、農家民宿等のいわゆる農業の6次産業化の取組みをはかる指標だといえる。もっとも取組数として多い「消費者に直接販売」では、保有山林500ha以上層の実施経営体率が20％を下回るのに対して、500ha未満層では20％以上であり、とくに保有山林が3ha未満では28％と高い。「農産物の加工」では10～50

家）の保有山林規模別にみた主業農家率

（単位：%）

東山	東海	近畿	山陰	山陽	四国	北九州	南九州
19.8	17.8	14.0	11.6	10.3	22.5	28.5	31.0
15.8	13.8	12.4	10.5	9.6	19.0	26.6	26.5
20.8	9.5	10.7	6.7	13.7	16.4	23.7	24.7
14.7	10.8	10.2	9.7	8.2	17.4	24.0	23.3
17.4	11.8	13.0	11.1	9.1	18.0	26.8	26.7
15.8	15.1	12.7	10.7	11.2	19.6	30.2	30.7
14.7	18.2	17.1	10.4	10.2	21.2	30.0	32.4
11.8	20.7	16.9	13.3	12.9	22.5	30.2	31.0
9.1	23.8	17.2	13.4	15.2	25.0	27.7	25.3
9.1	14.1	9.1	2.9	14.8	14.5	16.3	15.9
−	0.0	0.0	0.0	0.0	20.0	50.0	0.0
−	0.0	0.0	0.0	0.0	0.0	0.0	−

以上従事している65歳未満の世帯員がいる農家をいう。
いる。

0ha層、とくに30～500ha層（5%以上）で相対的に活発である。その他、「貸農園・体験農園等」と「観光農園」では50～100ha層で高く、「農家民宿」は農業経営体平均では0・1%とわずかなのに対して、家族農業・林業経営体の山林保有規模100～500haでは1・2%と相対的に高いこともわかった。

（6）森林資源の保全活動に取り組む集落数の変化

統計分析の考察の最後に、2005年と2010年の農業集落を対象とした農山村地域調査結果を紹介しておきたい。同調査では、河川・水路、農業用用排水路などとともに、集落での森林保全実態についても把握されている。表1-6は、農業地域類型別にみた地域資源を保全している農業集落数の変化をみたものである。

表１−５　家族農業・林業経営体（販売農

		全国平均	北海道	東北	北関東	南関東	北陸
販売農家平均		22.1	**72.1**	**22.8**	**22.8**	**25.6**	12.2
うち林業経営体		21.1	**71.9**	**24.0**	21.9	18.3	9.2
保有山林規模別	3ha未満	18.7	**35.7**	**23.1**	**31.0**	15.6	5.3
	3〜5ha	17.8	**67.2**	21.1	21.8	18.8	8.8
	5〜10ha	20.7	**70.2**	**23.7**	**22.9**	19.0	9.5
	10〜20ha	**23.1**	**73.2**	**25.5**	21.0	17.0	9.5
	20〜30ha	**25.2**	**77.6**	**27.9**	20.5	13.6	9.3
	30〜50ha	**27.8**	**80.2**	**29.8**	20.2	10.3	11.7
	50〜100ha	**27.9**	**75.9**	**27.0**	21.2	21.1	4.3
	100〜500ha	**24.4**	**65.6**	**35.3**	12.5	**35.7**	15.4
	500〜1,000ha	15.2	**66.7**	12.5	0.0	−	0.0
	1,000ha以上	7.1	0.0	**100.0**	0.0	−	0.0

注：１．「主業農家」とは、農業所得がおもで、調査期日前１年間に自営農業に60日
　　２．太文字は販売農家全国平均の主業農家率（22.1%）よりも高い数字を示して
　　３．薄網をかけた部分は各地域の平均主業農家率よりも高い階層を示している。

保全すべき森林がある集落は２０１０年度で10万６４６７集落あり、そのうち２万２２６０集落（19・０％）が保全活動を行なっている。河川や用排水路と同様に、２００５年に比べると森林を保全している集落割合がどの農業地域類型でも高まっており、中山間地域では２割以上の集落が森林の保全活動を行なっている。

２００５年の調査では地方公共団体による保全活動が含まれていなかったものが２０１０年では把握されるようになったという、調査方法の変化の影響もあると思われるが、個別経営レベルでは農業経営体数の減少や就業者の高齢化が進行するなかで各種の地域資源の集落レベルでの保全活動が活発化していることは注目に値する。活発化の背景には、「中山間地域等直接支払制度」や２００７年度導入の「農地・水・環境保全向上対策」（現「農地・水保全管理支

全している農業集落数

（単位：集落数、％）

河川・水路のある集落数	保全している集落数	保全している割合	農業用用排水路のある集落数	保全している集落数	保全している割合
22,256	3,881	17.4	25,672	13,225	51.5
28,897	6,419	22.2	33,365	19,533	58.5
41,059	9,527	23.2	41,112	25,396	61.8
24,493	4,748	19.4	21,961	13,293	60.5
116,705	24,575	21.1	122,110	71,447	58.5
23,522	8,861	37.7	26,680	17,474	65.5
29,875	14,285	47.8	34,414	26,592	77.3
41,999	19,721	47.0	42,330	31,795	75.1
25,014	9,660	38.6	22,708	16,301	71.8
120,410	52,527	43.6	126,132	92,162	73.1

票関係）」より作成。

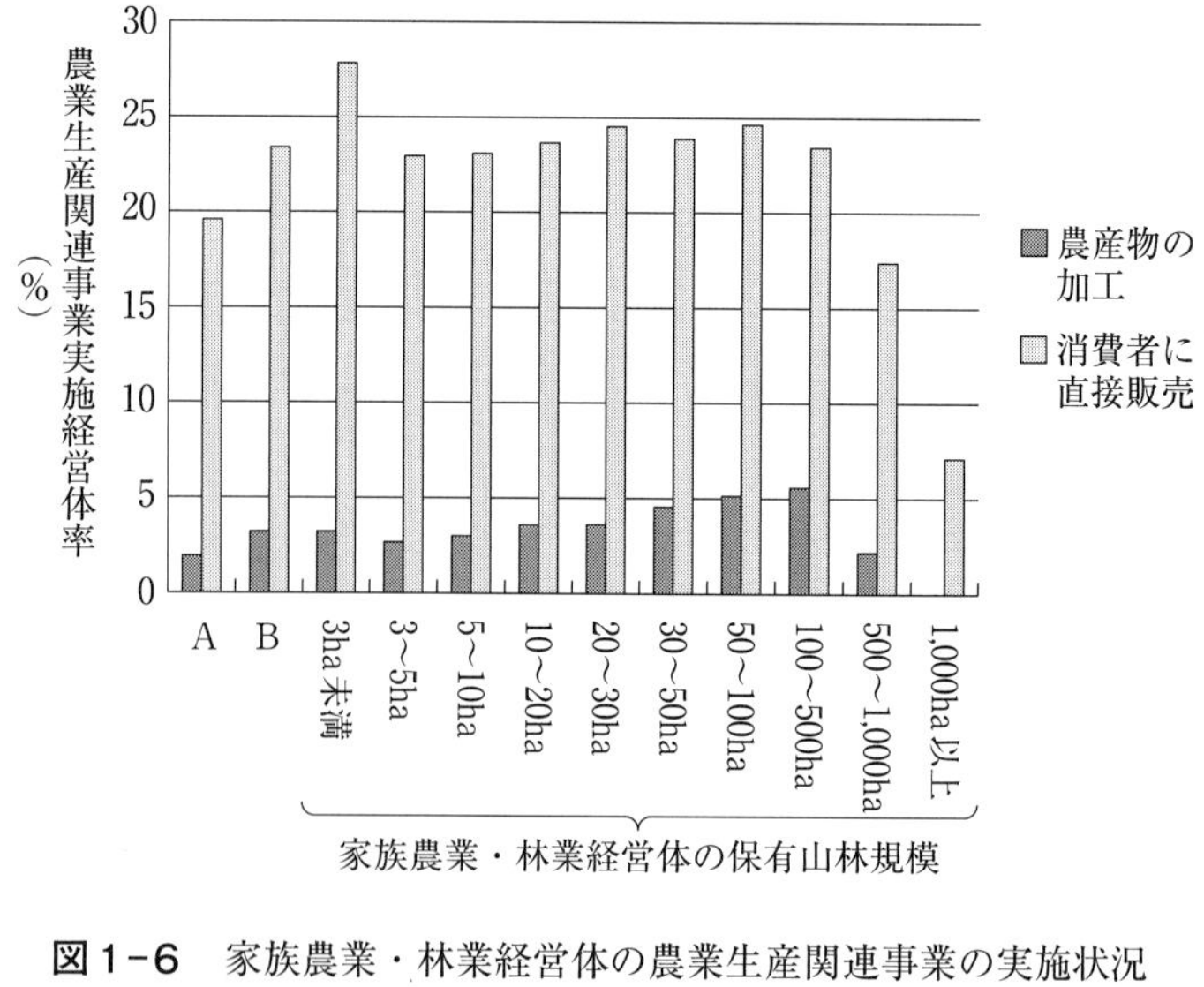

図1-6　家族農業・林業経営体の農業生産関連事業の実施状況

注：Aは家族農業経営体の平均、Bは家族農業・林業経営体の平均を示す。

表1-6　地域資源を保

	農業地域類型	森林のある集落数	保全している集落数	保全している割合
2005年	都市的地域	17,892	514	2.9
	平地農業地域	21,972	1,136	5.2
	中間農業地域	42,115	3,541	8.4
	山間農業地域	25,807	2,482	9.6
	計	107,786	7,673	7.1
2010年	都市的地域	17,339	1,844	10.6
	平地農業地域	21,493	3,448	16.0
	中間農業地域	41,909	8,918	21.3
	山間農業地域	25,726	6,050	23.5
	計	106,467	20,260	19.0

資料：農林水産省「2010年世界農林業センサス、農山村地域調査（農業集落用調査
注：2005年の数値は保全の主体が地方公共団体であるものは除かれている。

払交付金」）などおもに集落活動を支援するこの間の農業政策があり、森林資源の保全活動にもこれらの農業政策の波及効果が現れたものと考えられる。

森林・林業政策においては、２００２年度に導入された「森林整備地域活動支援交付金制度」の第１期事業は結果的に集落単位での森林整備活動を活性化した地域があったことが指摘されているが[35]、これまで制度設計として集落を位置づけた林業施策はみられない。また、再生プランの議論でも集落単位での森林資源管理の現実や可能性についても前節で指摘したようにまったく議論されなかった。しかし、表1-6で示されたことは、地域資源の一つとして森林をとらえ、集落での森林保全活動を支援する施策の必要性ではないだろうか。

(7) 小括

以上の世界農林業センサスの統計分析から、本節

の課題としていた4点について明らかになった点をまとめておくと次のとおりである。

第一に、２０００年代後半の素材生産拡大のなかで、組織林業経営体よりも家族林業経営体の素材生産の伸びが高かったことであり、素材生産量の16・5％程度が「自伐林家」（家族農林業経営体で保有山林から自ら生産）が担っていることである。また、その「自伐林家」の素材生産量の９割以上が山林保有面積規模１００ha未満層による生産であること、また７割は経営耕地を有する農家からの生産であることがわかった。

第二に、素材生産形態は地域によって異なっており、農業と林業との結びつきが地域的に多様であることである。「自伐林業」運動の展開にあたっても、農林業の地域特性をふまえた提案が必要である。

第三に、保有山林規模５００ha以下（項目によっては１００ha以下）の家族農業・林業経営体の相対的に活発な農業経営についてである。家族林業経営体に占める農業経営体割合の高さ、農産物の消費者への直接販売など農業関連産業の取組み、複合的な作物構成の農業展開、そして地域のなかでも農業の中核的な担い手とされる主業農家率の高さなどである。センサスを林業項目と農業項目をクロス集計することで、林業経営体の立体的な実像が浮き上がってきたといえる。

第四に、集落レベルでの森林資源保全の活動が２０００年代後半に活発化していることである。森林は農地に比べて、集落範域を超える大規模な森林所有の存在や不在村所有化が進行している地域があることは確かであり、林野の草資源が農業生産に不可欠であった時代に比べると、集落との密着性は低くなっている。しかし、センサスの結果からは、農道や用排水路等の農業関連資源と森林を地域資源として一体的にとらえ、集落単位での森林保全活動、さらには資源利用が活性化する可能性が示されたといえる。集落で森林の保全と利用を、その契機に自伐林業を位置づけることで地域再生の展望を拓いている地域が存在する。次節からその実例をみていきたい。

４　専業的な「自伐林家」が輝く山村

(1) 愛林の里、久木野

吉井家は熊本県水俣市の山間部、久木野地区で唯一、専業的に農林業を営む「自伐林家」である。久木野地区は水俣病公式発見の１９５６（昭和31）年に、水俣市に合併した明治村である。旧久木野村では、地域の財産を残すために、大正時代に採草地だった村有地６００ha原野に村民総出で造林を行なった。「この村は林業で生きていく」という覚悟の現れであろう、小学校の校歌には「愛林の里　今日映えて……」との歌詞があり、「愛林の里」は久木野の愛称となっている。同村有林は水俣市への合併で市有林に編入されたものの、久木野村民が大切に育ててきた山林であったため、久木野分収林造林組合を設立し、水俣市と分収契約を結んで、その後も地域の財産として経営されている。

１９９４年、国鉄山野線の廃止で地域の衰退が懸念されるなか、山村振興を目的として、都市との交流拠点である「愛林館」が建設された。久木野地域振興会が管理・運営を行なっており、全国公募で選ばれた沢畑亨さんを館長に迎え、「エコロジー（風土・循環・自立）に基づくむらおこし」を活動テーマとし、山村の生活文化や棚田、山林の保全を通じて景観を守るユニークな活動が展開されている。

（2）「自伐」収入が主の経営へ

吉井家は経営耕地1・5ha（うち借地30a）、所有山林53haで、収入の柱は自伐による素材生産である。山林の95%はスギとヒノキの人工林であり、父（正澄さん）の代に30haから53haまで拡大した。100年を超える林分も少しはあるが、大半は戦後造林の50〜60年生である。父の時代には2、3人を常時雇いし、伐採は架線集材中心であった。

しかし、吉井和久氏が東京の大学を卒業して、就農（林）した30年ほど前から徐々に[36]、雇用労力を減らし、自家労働力中心の経営に移行してきた。木材価格が低下するなかで、雇用し続けることは経費が嵩むからである。施業方法を架線方式から、自らバックホーで作業道を開設し、林内作業車（1・2t）で搬出する方式へ転換した。

和久さんは自家の山林作業におもに従事し、間伐材を中心に年に250〜300㎥程度を搬出している。子どもの教育のためなど、まとまった支出が必要なときには、主伐を行なうが、面積的には0・5ha程度と小規模である。山林の作業は、近年和久さん一人で行なうことが多く、複数人必要なときは、Ｉターン者のＮさんを臨時的に雇用している。

　熊本県が開催するグリーンマイスター研修などでの技術習得のほか、地域内に同世代の「自伐」仲間がいなかった和久さんにとって、林業研究グループは貴重な情報交換の場であった。[37] 芦北地区や熊本県の林業研究グループの会合に積極的に参加して仲間づくりを行ない、それはＢＣ材の合板工場との契約取引や産直住宅グループの結成にも繋がった。現在、和久さんは熊本県林業研究グループ連絡協議会の会長でもある。

（3）三つの木材販売ルート

　吉井家は伐採・搬出した木材を、材質や伐採時期に応じて三つのルートで販売している。一つのルートは、水俣原木市場への出荷である。素材生産量の過半はこのルートで販売しており、２０１２年は平均価格が約1万円／㎥であった。原木市場には、建築材となる３ｍまたは４ｍに採材して原木市場に搬入する。第二のルートは「熊本の山の木で家をつくる会」の産直住宅用としての販売である。「伐り旬」と呼ばれる9月から翌年3月までに伐採すること、伝統工法の設計士が指定する径級（末口30㎝など比較的大径材が多い）と寸法の木材を供給している。価格は「つくる会」で森林所有者も参加して協議・決定しており、２０１２年は市場価格の2倍となる約2万円／㎥であった。第３のルートは水俣市内に立地している合板工場への直送販売であり、ＢＣ材といわれる曲がり材を販売している。合板工場への販売ルートは、芦北林業研究グループの働きかけで開拓したものである。グループとして月１００㎥の枠を契約しており、契約工場からの提示価格で販売している。

２０１２年６月、木材価格がかつてないほどの下落をしたのであるが、そうした場合には「収入は減るが、雇用していないし自伐林家は借金が無ければ資金繰りに困ることはない、要は生活を切り詰めればすむ」とのこと。また、「３とおりの販売先をもっているので価格状況に合わせて販売先の比重を変えることができる」。とくに、市場価格に規定されない、産直住宅へのルートは、伐採時期が限定され量は限定的であるが、価格が安定しているので貴重なルートである。

（４）産直住宅出荷ルートの意味

産直住宅グループの「熊本の山の木で家をつくる会」は伝統建築工法の設計士を中心に、自伐林家５名（吉井さん以外は芦北地域の自伐林家）と製材所、工務店が参加して２００３年に設立された。家づくりのステークホルダーがすべて集まったグループである。過去10年間に37棟、２０１２年は７棟を建築している。

供給する材は、伝統工法の設計仕様で長さが３・２ｍ、４・５ｍ、７ｍなど特注材であり、通常の原木市場に出荷する３ｍ、４ｍ、６ｍとは異なる長さで採材する。仮に、市場流通材で３・２ｍの木材を調達しようとすると、製材段階で４ｍのものを購入して０・８ｍ切り落とさなければならない。設計情報を確実に山に伝えることによって、端材の無駄を省き、材積当たり価格を高く設定することで林家の手取りを増やすことができる。

写真1−1・1−2　「熊本の山の木で家をつくる会」主催の山行きツアーの様子（2011年 吉井家山林内）

（写真提供：吉井和久氏）

産直住宅ネットワークの設立はさまざまな関係主体を繋ぐことで可能となった。木の家にこだわった設計士、大規模製材工場では対応できない注文賃挽きの製材工場、そして伝統工法の技術を有する大工の存在と誰が欠けてもできない。また、５人の自伐林家で注文を受けるため、それぞれの山林の特性（樹種、林齢、道路網の状況など）や農業、家庭状況、あるいはさまざまな役職の忙しさなどを考えながら、無理なく注文に応じられる。

産直住宅ルートの存在は、自伐林家にとって経済的なものだけではない意味を有している。建築主の家族が山林を訪ね、使用する大黒柱を一緒に選び、伐倒する。歓声とともに消費者の感謝の気持ちが生産者にとどく瞬間である（写真1-1、1-2）。こうした場に立ち会うことができ、その後も続く施主家族との交流が産直住宅の醍醐味である。生産の歓びや山村に住む誇りを感じることができるという意味において産直住宅ルートはとても重要である。

（5）多様性のある森林づくりをめざして

吉井家の所有山林は林班の異なる８か所に分かれている。２０１３年度から開始された森林経営計画制度は、２節で述べたように、１００ha以下の森林所有者では単独では経営計画を策定することができなくなった。所有面積53haの吉井家はその影響を最も受けた林家である。[38] 専業農林家としての存在を否定されたという思いが強かった。

森林経営計画の策定は８か所すべてを対象にした計画の策定はむずかしく、また仮にすべてで策定すると、間伐の下限面積が決められているので、自家労働力以上に間伐作業が必要になってしまう。また、策定するには膨大な事務作業が必要である。そこで２０１３年度は、植林と下刈が必要な１か所の山林を中心に計画策定を行なった。林班の半分以上を取りまとめる必要があったため、和久さんはまわりの小規模な所有者約20名を地道に勉強会に誘い、計画策定の働きかけを行ない、森林経営計画を策定した。

その計画内の自家山林８haを今後、５年に分けて間伐していく。強度に間伐をしながら、天然広葉樹を含めた豊かな下層植生を有する長伐木の山づくりをめざしている。目まぐるしく変わる制度に翻弄されずに、自分の山づくりをめざして行きたいという。

(6) 上流域に生きるものの責務――合鴨農法の導入

吉井家の自伐林家としての活動を紹介したが、次に農業について紹介したい。農地面積は１・５ha（うち借地30ａ）うち耕作地は１・２ha、90ａで米をつくっている。20ａは母と妻が担当し、自家野菜と直売所出荷のためにさまざまな作物を栽培、耕作条件の悪いところではイチョウ（銀杏）や柿などをつくっている。

農業面での特筆すべき取組みは、15年前に「上流に住んでいるものとして農薬を少しでも減らした農業をしたい」との和久さんの言葉から始まった合鴨農法の米づくりである。開始する際の問題は、栽培方法もさることながら、販売方法であった。農協は引き取ってくれない、縁故米のみ、合鴨は販売できないというなかで、妻の恵璃子さんが思いついたのが「合鴨オーナー制度」である。合鴨を売るのではなく、預かってオーナーに代わって管理するという仕組みである。「預かり料」が１口７０００円。オーナーには合鴨１羽と米５kgを送付し、毎年田植えと稲刈りのときにオーナーと交流を行なう。

オーナー募集の宣伝は、恵璃子さんが担当し、地元新聞に依頼し、紹介の記事を掲載してもらったとのこと。熊本市などから応募があり、すぐに30口集まった。その後、鳥インフルエンザの影響で合鴨を処理できなくなり、現在は米10kgを送付するようになったものの、毎年40口程度の申し込みがあって継続されている。

このように木材の産直事業と同様、直接消費者と繋がることで農業の可能性を広げてきたのである。

（7）集落の農林業を守るために——集落営農組織の立ち上げ

久木野地区に専業農林家で同世代の仲間がいないというなかで、和久さんは、前述のように活動の拠点を県の林業研究グループなど集落外に求めてきた。ネットワーク時代になってからはブログやフェイスブックなどのソーシャルメディアを通じて簡単に情報交流ができるようになって、孤立感もなくなったとのことである。

しかし、一方で集落や久木野地区の将来を考えた新たな取組みが必要だと考えるようになったという。もちろんこれまでも消防団活動、分収造林組合、農協役員、区の役員など多くの役を引き受けてきた。役が少なくなってきた今でも四つの通帳を管理する状況である。ふるさとセンター愛林館が主催する環境教育や石垣積み教室など、さまざまなイベントにも協力を惜しまない。

それに加えて、農協役員の経験から久木野地区でどうしてもやらなければならないと設立したのが、集落営農組織である。２０１１年からライスセンターの運営を始め、２０１４年には法人化の予定である。和久さんはその集落営農組合の組合長である。同センターは個人13名と４つの集落が出資し、田植えやイネ刈り、乾燥・籾摺り等の農作業を請負っている。林業分野の施策である「緑の雇用対策」をきっかけに近隣の森林組合にＩターンし、その後当地に住む若者Ｎさんにも手伝ってもらっている。営農組織の設立によって、和久さんは農繁期には組合長として働くこととなった。そのため、農繁期には林業就業が少なくなった。

吉井家としては自家山林の自伐のほうが経済的メリットは大きいということだが、現在、家族経営のみで農地を継承するのはむずかしく、「子どもが継がなかったら終わりとならないような、地域で農業を守る仕組みを今のうちにつくっておく必要性」からの設立である。このように、「農業は集落で繋げる仕組みを模索しているが、林業にはない」なかで、同法人は将来的に、農地だけではなく地域の森林の管理を担っていけるような組織にしていきたいという思いがある。その中核に自伐林家がある。集落営農組織の立ち上げには、林業経験のあるＩターン者の活躍の場をつくるという意味も込められている。

(8) 伝統文化の継承者を育て、子どもが誇れる地域を

妻の惠璃子さんの活動によって、守られ、復興したものがある。地域の保育園の閉鎖計画をきっかけにした、伝統芸能復興の物語である。「自伐林家」とはかけ離れていると感じられる読者もおられるかもしれないが、自営業だったから取り組めた活動として紹介したい。

無形文化財指定の俵踊りを継承していた久木野地区の保育園の廃園が2003年11月に市役所から告知された。保育園をなくすこと＝文化をなくすことだと廃園反対を訴えた惠璃子さんは、園長の一言、「文化を守るのは役所ではありません。地域の方です」に奮起した。そして、紹介された文科省の「放課後子ども教室」事業の採択を受けて、惠璃子さん自身が中心となって、「久木野っ子クラブ」を主宰することになった。その補助金事業のハードルは高く、年に70回もの体験教室の開催が必要であった。伝統芸能教室や自然体験教室など、愛林館の協力もあってのことだが、70回の体験教室の開催は惠璃子さんにとって死にものぐるいの1年であった。さらに、踊りだけではなく、中学生に三味線伴奏を娘さんの同級生にも参加を呼びかけ、水俣・芦北地域振興財団から三味線購入の助成を受け、特訓して祭りで披露した。ほぼ途絶えていたもう一つの伝統芸能・棒踊りも復活させた。厳しい練習に耐えた子どもたちの努力が実り、メディアに何度も取り上げられた。

「どうせ久木野だから」と地域を卑下し、縮こまっていた子どもたちが、「三味線だったら水俣一だ」と自信をもって地域を語れるようになった。小・中学校の統合話が出て暗くなっていた地域の雰囲気

を一変させる出来事だった。保育園は廃園になったものの、その後伝統芸能は継承され、高校生のなかに指導者ができて、子どもたちの縦の関係もできてきた。三味線で鍛えられた中学生だった学年は、13人のうち高校卒業後5人が久木野に戻ってきている。地域にとって画期的な出来事である。

保育園の廃園計画をきっかけにした伝統芸能を守る活動は地域の将来をも左右する取組みだったといえる。それは恵璃子さん一人の力ではないにしても、中心となりえたのは「70回の体験教室で鍛えられました」というご本人の奮闘と忙しかった1年間、だまって応援してくれた家族あってのことである。「勤め人だったら絶対できなかった」ことである。

（9）水俣病問題の解決にむけて奔走した父

和久さんの父、正澄さん（82歳）は1994年から2002年の2期8年間、水俣病問題の解決に尽力された元水俣市長である。地域社会のなかで複雑に絡み合った関係を一つひとつほぐし、水俣病患者に行政として初めて陳謝、「もやい直し」を提唱し、環境都市・水俣の再生へと道筋をつけた功績はここで語るまでもない[39]。

林業を中心とした専業農林家から傑出した政治家が登場したというのは偶然が重なってのことであるにしても、次のことが背景にあったことは指摘できる。一つは、久木野地区が山間地にあり1956年に合併したことから、加害企業のチッソとの利害関係者が少なかった地域の出身であったことである。二つ目は、正澄さんが若い頃から農林業で培ってきた、ぶれない信念と努力の継続性、自然に寄り添いつつ次の世代のことを考える経験が市長時代の糧になったという点である。

正澄さんは、市長退任後は自家の農林業に「復帰」、今も時間があれば棚田や山林に出かけ、石垣積みや農林道の補修、田の見回りなどを行なっている。

(10) 山村における「自営」「自伐」の意味

吉井和久氏の話をお聞きして、もっとも印象に残ったことは、「農林家というよりも自営業ゆえにやっていることの大きさ」ということである。山村に自営業のものがいなくなったら、地域のさまざまな行事も祭りも廃れてしまう。

「自伐林業」の役割もここにあるのではないか。吉井家が山村で自営農林家として生きていくために必然的に選んだ「自伐」という道、それは久木野という愛林の里を魅力的な地域にしている。

5　補論　林業分野での女性活動の実態と可能性
――自伐林業を地域再生に繋げるために[40]

(1) 農業よりも遅れた林業分野での女性参加

中山間地域また漁村の再生にとって重要な役割を果たしている直売所は、女性の力なくして成り立たないものとして広く認識されている。加工・販売部面だけではなく、農業従事者の約4割は女性が占める。政策的にも、１９９９年制定の「食料・農業・農村基本法」では、女性参画促進の章が設けられ、年次報告では毎年女性参加実態の報告がなされている。農業経営への女性参加を広げるために、家族経営協定の締結や女性起業の支援、農協役員への女性登用などが展開されてきたところである。[41]

しかし、森林・林業分野をみると、女性参加はきわめて遅れた状況にある。その端的な現れが２００１年に改正された森林・林業基本法で女性の参加促進に関する章が設けられていないことであり、年次報告でも事例的な記述しかない。今後、山村で女性が活躍しうる仕事や役割を創っていくという視点は、「自伐林業」を通じて地域再生を展望する場合も、重要である。また、「林業女子」の広がりなど、林業分野での新しい女性活動も近年盛んになっている。そこで、補論として、森林・林業分野での女性地位を概観するとともに、女性グループとして注目される「女性林業研究グループ」と「林業女子」の活動事例を紹介したい。

(2) 統計でみる森林・林業分野の女性参加の状況

国勢調査によって男女別に林業就業者数とその従事上の地位の内訳をみると（表1-7）、人工造林が活発であった１９５５年には約12・5万人の女性が林業に従事し、その76％が家族従業者であった。つまり林家世帯主の妻、嫁、娘という立場での林業労働であった。１９７０年以降は林業就業者総数が減少するとともに、従業上の地位は家族従事者から雇用者としての比率が高まっていった。男女別にみると、女性のほうが男性よりも就業者の減少が著しく、男性は産業分類法の改定の影響もあり、

２０１０年に増加に転じているのに対して、女性は減少が続いている。ただし、年齢別にみると（表出略）、２０００年から２０１０年に20代、30代の女性就業者率は増加していること、女性の従業上の地位では、この間、雇用者（57％→72％）と家族従事者（36％→20％）の構成が大きく変化している点が特徴である。つまり、２０００年代になっておもに雇用者として若い就業者の参入があったことを示すものであり、国勢調査によって女性の「自伐林業」従事の高まりを指摘することはできない。

森林所有者に関する性別統計は日本にはないものの、近似するデータだと思われるのが、農林業センサスで把握されている家族林業経営体の「林業経営者」である。２００５年センサスによると家族林業の経営者のうち女性は６・５％（１万１６０４人）を占める。その年齢構成をみると、女性では70歳以上の高齢者の割合が57％と高く、男性の平均年齢が63・5歳なのに対して、女性は69・6歳であった。つまり、森林所有者や経営者としての立場にある女性は限定的であり、しかも後継者が確保されていない林家では、夫の死亡後に林地を相続したと思われる高齢女性の所有が多いといえる。

地位別割合

（単位：人、％）

1990年	2000年	2010年
89,832	55,613	59,478
(23)	(14)	(15)
6%	7%	4%
17%	18%	10%
3%	3%	2%
72%	68%	79%
2%	4%	5%
17,668	11,540	9,075
(14)	(9)	(7)
0%	1%	0%
2%	2%	1%
37%	36%	20%
58%	57%	72%
2%	5%	6%

の素材生産、薪および木炭の
ス業務並びに野生動物の狩猟
でもした者等である。
業」以外に分類された者の一

表１-７　男女別にみた林業就業者数の推移と従業上の

			1955年	1960年	1970年	1980年
男	就業者計（人）		393,604	328,012	167,486	139,518
	（1955年＝100）		(100)	(83)	(43)	(35)
	従業上の地位割合（%）	雇用者のある業主	2%	2%	4%	5%
		雇用者のない業主	30%	25%	14%	15%
		家族従業者	12%	9%	2%	3%
		雇用者	55%	64%	79%	76%
		民間の役員	－	0%	1%	1%
女	就業者計（人）		125,121	111,393	38,547	30,082
	（1955年＝100）		(100)	(89)	(31)	(24)
	従業上の地位割合（%）	雇用者のある業主	0%	0%	0%	1%
		雇用者のない業主	2%	3%	3%	2%
		家族従業者	76%	65%	26%	29%
		雇用者	22%	32%	71%	68%
		民間の役員	－	0%	0%	1%

資料：国勢調査各年度版。
注：１．従業上の地位については、性別就業者数に占める割合である。
２．林業就業者とは、山林用苗木の育成・植栽、木材の保育・保護、木材から
製造、樹脂、樹皮、その他の林産物の収集および林業に直接関係するサービ
などを行なう者で、調査年の10月１日までの１週間に収入になる仕事を少し
３．2010年のデータは、2007年に「日本標準産業分類」の改定によって、「林
部が含まれるようになったため、それ以前との正確な接合はできない。

近年、ヨーロッパやアメリカでは私有林での女性森林所有者比率の高まりが指摘されているところである[42]。このことは、林地相続のあり方、さらには直系家族制度にも関わる問題ではあるが、少子高齢化が急速に進む農山村にとって、「自伐林業」振興を考える際にも所有や経営への女性参加を射程に入れる必要性を指摘しておきたい。

森林所有者の協同組合である森林組合の役職員と雇用林業労働者の男女別構成を、２０１０年度の森林組合統計によってみると、全国４２６組合に常勤理事は４８６名、そのうち女性はわずか２名

（0・4%）、非常勤理事も7653名のうち30名（0・4%）にすぎない。農業協同組合では役員の女性比率が2005年の1・9%から2010年には3・9%へと上昇しているのと対比しても[43]、森林組合役員に占める女性割合はきわめて低い状況にある。

一方、組合職員の女性比率は23・1%を占める。森林組合が雇用する現場林業労働者は、合計で2万6055人、うち女性は1862人（7・1%）であり、作業主別にみるとおもに伐採・搬出作業では女性比率2・0%、造林・保育作業は4・8%、その他（木材加工等）では17・7%である。年齢別にみると、40歳以上の方が39歳以下よりも女性比率が高い。また、2000年と2010年を比較すると、すべての年齢層において、森林組合雇用の林業労働者の女性比率が低くなっている。とくに、50代以上の造林・保育従事者において半分以下（50代では15・9%から5%）へと低下している。

（3）女性林業研究グループ組織の実態

以上のように、統計的にみると女性の林業就業は拡大造林期に比べて減少し、とくに林業経営や森林組合の役職員としての林業への女性の関与はきわめて限定的である。しかし、その一方で、近年、森林・林業分野における女性グループの新たな活動がみられる。

まず、「林業研究グループ」（以下、林研と略）における女性グループの活動である。林研とは、森林づくりの技術や経営改善等の活動を自主的に行なう組織であり、森林所有者および林業に従事する者等を会員としている。林研は自伐林家グループの母体としても注目されているところである。

２０１１年時点で、グループ数１３３５、会員数２万３９７２人である。そのうち女性単独グループが１３０、男女混合グループが３３０で、女性会員は３５１３名（全会員の15％）である[44]。森林組合とは異なり、林研グループは森林所有者であることが加入の要件ではないため、林地を所有しないＩＵターンの林業労働者や家族従事者として特用林産物生産を含む林業に従事する女性たちも会員になることが可能である。

女性林研グループは、都道府県の林業普及事業のなかで誕生してきたものも多く、１９７０年代から各地に設立された。１９９７年には全国林業研究グループ連絡協議会の下に、女性会議が設置され、定期的に全国での交流会を実施している。

女性林業研究グループ数が多い山口県を事例に活動実態を調査した木村（２００５）は、設立年代によってグループの活動目的や活動内容が異なることを明らかにしている。１９７０年代設立のグループはメンバー間の林業技術の向上のために勉強会の開催がおもな目的であったが、１９８０年代以降は草木染めやつる細工、竹炭などの森林の未利用資源の活用を目的とし、仲間づくりや地域内外との交流に重点をおいた活動を行なっている。女性林研は集落という地縁を越えて、気の合う仲間づくりの場として、また中山間地域でのビジネス起こしのきっかけになる可能性を有している。同時に、活動メンバーの中心は50代以上であり、初期に設立されたグループでは70代が中心となり、世代交代がむずかしいことを指摘した。

（4）佐賀市婦人林業研究グループの活動事例

こうした課題の克服を試みている事例として、佐賀市婦人林研グループを紹介したい。同グループは、佐賀市内の旧富士町の女性72名によって設立された。旧富士町は、森林率81％、民有林率が87％であり、林家数781戸の平均山林保有面積が4・2haで、50ha以上の林家はないという小規模私有林地域である（2000年センサス時点）。人工林率が91％と高く、その多くが戦後の造林地である。また、旧富士町の特徴は多くの集落で生産森林組合を有していることである。間伐作業は、「自伐林家」のほか、生産森林組合の間伐を担う集落内組織から再編された森林組合の請負作業班が担っている[45]。

婦人林研の設立時のメンバーは、嫁ぎ先の山の植林、下刈りを行なってきた40～70代の女性世代であった。「森の大切さを話すことができるお母さんになろう、森を大切にする夫の応援団長になろう」を合言葉に、さまざまな活動を行なっている（写真1-3）。具体的には、①森林や丸太販売に関する勉強会の開催、②きのこ栽培方法についての研究会、③地域の子どもたちへの森林教育、④炭素固定のための森林プロジェクトを推進するために、森林組合に協力して204戸の組合員を訪問して間伐を促進するための説得活動（2008～2010年）などである。さらに、市町村合併によって富士町は有明海まで続く佐賀市の一部となったことを契機に、下流域の都市の女性たちを会員に勧誘し、2010年には86名まで会員を拡大している。佐賀市都市部の森林への関心を高めるためのアンケー

写真１−３　佐賀市婦人林業研究会の集合写真

写真提供：西要子氏（2007年撮影）

トを実施し、上下流のメンバーが連携して取り組める活動を計画している。

さらに、佐賀市婦人林研のメンバーのうち、菖《しょう》蒲《ぶ》集落に住むメンバーが中心となって、林研の支部活動として地元食材を用いたレストラン「森の香」の経営を２００９年に開始した。野草を用いた天ぷらなどを提供し、都市からのお客さんが増加、山村における女性の収入源として大きな意味をもつようになっている。収入源の基盤をつくっておくことで、子育て終了後の女性や、定年後の世代にバトンタッチする準備になると期待されている。こうした活動は、木材だけが森林資源ではなく、さまざまな森林からの恵みに光をあてる機会になった。代表者のNさんによると、地域の食材を使った健康的な野菜料理を提供し、若者や都市の人びとに森林や農山村の重要性を伝えることができることを誇りに感じている、とのことであった。また当初は、「草の料理でお金をとるなんて」と懐疑的であった集落の男性たちも活動のサポートを始め、女性たちの活動への理解が深まったという。

(5)「林業女子会」の広がりと活動の特徴

２０１０年7月に京都で結成され、近年にわかに注目を集め、各地で結成されているのが林業女子会である。わずか3年の間に、県単位で静岡、岐阜、東京、栃木、愛媛、長崎等で結成され、全国に広がっている。

「林業女子会@京都」は、京都で森林科学を専攻する大学生が参加している林業体験サークルの女性メンバーが中心となって、設立に至った。「林業のすそ野を広げる、敷居を下げる」[46]ために、林業を仕事とするプロの「林業女子」から林業を応援したい、木材が好きだという「女子」までの広い層を会員としている。「女子目線で林業や日本の山が持つ魅力や美しさと共に課題を、都会に住む女子に広く知ってもらい、山と街を繋ぐ」(林業女子会@静岡ＵＲＬ)とターゲットを林業とは無縁の「女子」に絞って活動を展開している。「女子」から「女子」へ、「女子」を前面に出したフリーペーパー、国産材を用いたカフェでのトーク、林業地を旅して学び、ブログでの情報発信などを行なっている。活動の中心は20代~30代前半の女性である。

これまでの女性グループと活動方法において異なるのは、第一に、参加者は所属や職業を問われず、学生、林業事業体労働者、森林組合職員、木材コーディネーター、設計士、公務員など多様な職業で構成されていること、第二に、規約をあえてつくらず、ブログやフェイスブックといったＳＮＳ（ソーシャル・ネットワーク・サービス）を活用して広がっていることである。それぞれの県で独自の展開ができるように、「林業女子会＠○○」としたネーミングとし、「私たちが林業女子だ」と宣言すれば組織化が可能であり、各人がフェイスブック等で発信、情報共有することでさまざまな活動が展開されている。

こうした「林業女子会」による新しいかたちの異業種ネットワークが、林業にどのような影響をもたらすのかを論じることは現段階ではできない。しかし、森林を活かしたさまざまな仕事を創り出し、さらに伝えたいものの先にある山村や林業の社会構造をも変えうる、力を蓄えているといえるかもしれない。

5　まとめにかえて――「自伐林業」の可能性

２節で考察したように、森林・林業政策において「自伐林業」あるいは家族林業経営は、林業基本法制定から50年、これまで正当に位置づけられることはなかった。その極みが「森林・林業再生プラン」であり、制度的には、森林経営計画制度と策定者に限定して支払われる森林管理・環境保全直接支払いの導入であった。それは、伐期に達した人工林資源を大規模にとりまとめ（集約化）、効率的に生産し、利用に繋げるという視点で資源・産業政策に偏った制度設計であったといえる。とくに、１００ha以下の森林所有者は個別経営体としては支援対象から外し、生産の担い手としては雇用労働力に依拠した大規模事業体が想定されていた。山村振興効果が語られることはあっても、大規模効率的な経営を確立することによる雇用の拡大効果という面だけが強調された。

しかし、３節の農林業センサスの分析から、２００５年から２０１０年の素材生産量の増加は、組織経営体よりも家族経営体が牽引したことが明らかとなった。生産量は増え、自給率は高まっても木材価格は低迷するという林業が置かれている厳しい条件のなかで、家族経営による素材生産者数は維持され、一経営体当たりの生産量が増している。センサスの経営体要件による林業経営体だけではなく、要件を満たさない農業経営体を含めて家族農林業経営体に広げて考察したところ、自家山林から自ら素材生産を行なっているもの（狭義の「自伐」）は、素材生産量の16・５％程度を生産していることが明らかとなった。２割以上を占める地域もあり、「自伐」生産は量的に無視できるものではない。

さらに、「自伐林業」は素材の生産量として一定量を占めるという事実だけに留まらない多面的な役割を発揮し、また可能性を秘めていることもわかった。この点は、次章以降の興梠、家中の論考でより具体的に、また動的に深められることになるが、第１章の考察結果として下記３点を「自伐」の可能性として指摘し、本章のまとめとしたい。

第一は、「自伐林家」の個別家族経営としての可能性である。農林業センサス分析と吉井家の取組みから、「自伐林家」の多くは農業生産を行なう農林家であり、農業生産と自伐を組み合わせた経営をしていることである。しかも稲作だけではなくその他の農業作物と結びついていること、山林を保有する農業・林業経営体は相対的に主業農家率が高いことが農業と林業項目のクロス集計結果から明らかとなった。個別の家族経営として、農業と林業を労働力面、素材面、土地利用面において有機的に連関させ、「自伐」を経営に組み入れていくことの重要性を指摘しておきたい。そうした核となる主業的な個別経営の支援は、きわめて重要である。

第二は、集落あるいは大字といった範域での「自伐林業」展開の可能性である。再生プランの議論では、効率的な林業を推進するための路網と高性能林業機械の効率という資源的な観点から、連たんした林班のまとまりで施業や経営をまとめていくという議論に集中した。そこには森と人びととの歴史的な関係性をふまえるという視点は見られない。しかし、センサスによると森林資源の保全活動を実施している集落数は増加している。また、集落営農組織を地域の森林管理の受け皿にもしたいという吉井さんの試みなど、山と里を一体的に利用できるような地域の取組みを応援することが求められる。後述されるように、自伐林業のうねりもここから始まっている。

同時に、第三に、「自伐林業」を支えるための集落範域を越えた連携の可能性が示された。センサスでは、農業・林業経営体で農産物加工や消費者への直接販売、農家民宿の取組みが相対的に活発なことが示され、都市住民とのネットワークを活かした取組みが模索されていることが示された。吉井さんの場合、発信力を有し、集落を越えた仲間づくりを行ない、林業研究グループで木材の販路を確保していた。とくに、「自伐林家」５名が参加する産直住宅グループによる伝統工法の家づくりは、安定した木材取引を実現するだけではなく、都市との連携を深め、山村に生きる誇りに繋がる活動であった。

補論で紹介した女性林業研究グループや「林業女子会」の取組みも、山村と都市との新たな連携のあり方を模索していた。森林の多面的な利用にも繋がる女性たちの活動が、「自伐林業」運動と有機的に結びつき、地域再生へと展開することを注視していきたい。

なお、最後に政策面の変化について言及しておきたい。２０１３年度から「森林・山村多面的機能発揮対策交付金」が導入され、森林経営計画を策定していない森林を対象に、里山保全や資源利用活動に対する支援が開始されている。

支援対象は、森林所有者やＮＰＯ法人などの地域住民組織だと規定されている。本制度は、森林経営計画の策定要件のハードルが高く、選別的だという批判に対応したかたちで出された地域政策的な側面を有する制度だといえる。また、「森林経営計画制度」の策定要件も２０１３年度途中から運用面での緩和措置がとられ、２０１４年度からは属地計画の範域設定（連たんした林班単位での面積２分の１以上での制定だったものが、一定範域での30ha以上へと）の変更などが計画されており、当初の要件に比べると「自伐林家」など中小規模林家が森林経営計画を策定しやすくなる制度変更ではある。

政策研究としては、以上のような変更の影響を実証的に課題を明らかにするとともに、森林・林業そして山村地域において果たしている「自伐林家」の現状を正当に評価し、支援するための本来あるべき制度について議論を深めることが求められている。

注

（１）３節において後述するように、農林業センサスは２００５年に経営体概念を導入し、調査客体が大きく変更され、林家の調査がなされなくなったので、ここでは２０００年調査の結果を用いている。２０００年センサスの「林業事業体調査」の分析については、興梠克久（２００２）に詳しい。

（２）たとえば北尾邦伸（２００９）は、流域や里山の生態系と地域社会、それをつなぐ未来の林業のあり方を論じているが、その主体がどのように形成されるのかの実証的な検証は十分ではない。また、筆者は、中小規模林家による自家労働力を用いた素材生産（「自伐」）を組み込んだ農林複合経営を確立することが、地域の定住条件の向上に重要であることを事例分析によって主張してきた〔佐藤宣子（２００３）等〕。しかし、それらの事例は点的であり、いずれ衰退するものではないかという指摘にこれまで十分な反論ができないままであった。

（３）林野行政においても、地域政策的な制度がまったくなかったわけではない。筆者は、中山間地域等直接支払制度が影響を与えた「森林資源地域活動支援交付金」制度（２００２年導入）が、地域課題に応じた弾力的な運用が可能という点で注目し、制度と運用実態の分析を行なった〔佐藤宣子編著２０１０a〕。しかし、同制度の効果や課題は林野庁内ではほとんど検証されないままに、第2期目以降、森林施業計画（現、森林経営計画）をまとめる「施業集約化」手段に限定され、地域政策的な意味合いを失った。

（4）戦後の林業経済研究分野での林家経営研究史については、佐藤・興梠（2006）で詳しく論述している。

（5）森林組合の性格規定と地域での役割に関しては、林業経済研究分野では多くの論争がある。森田（1997）は森林組合を「生産代行組織」として位置づけ、一方で、笠原（1975）は中小規模林家層の協同組織としての役割を強調した。後述する森林・林業再生プランの議論において森林組合は民間林業事業体とイコールフッティングを迫られることになった。そうしたなかで、森林組合組織は、組合員との結びつきを強め、施業を提案し、長期の施業の受託地をあつめて団地化する（「施業集約化」）ことで、森林資源を管理する地域に責任をもった事業体としての役割が重視されることとなる。さらに、森林組合は中小林家の生産者としての要求を代弁する組織というよりも、地域に密着した組織として、中小林家世帯員を含む山村地域の雇用を安定的に確保という面で林業事業体としての役割が強調されたところである。森林組合論については別に議論すべき論点を多く含んでいるが、本稿では「自伐林家」を中心に考察するため、ここでは自伐林家である中小林家の生産者としての役割を森林組合が代弁するものではなかったこと、さらに森林経営計画の策定の場面では組合員による生産を抑制、阻害することもあったことを指摘しておきたい。今後、共存、協力関係のあり方が問われることになろう。

（6）志賀（2013）。

（7）2000年代後半からの木材自給率向上の背景については、遠藤（2010）を参考にした。

（8）佐藤（2013a）で民主党政権化の林政を時系列的に分析した。本節は、その一部を加筆・修正して作成したものである。

（9）森林法は森林計画制度と保安林制度からなる法律で、「森林の保続培養と森林生産力の増進」を図ることを目的としている。このうち再生プランの議論を受けて改正されたのは、保安林の罰則強化と森林計画制度の大幅な変更である。森林計画制度とは、国が森林・林業基本計画に添って策定する全国森林計画、都道府県が全国１５８流域別に策定する地域森林計画、それに適合したかたちで市町村が策定する市町村森林整備計画、その下に森林所有者や所有者から5年間の施業委託を受けたものが、市町村計画に適合するかたちで、任意に5年ごとの計画を立てることが求められる。その計画が「森林施業計画」から「森林経営計画」へと変更された。

(10) 岡田（２０１２）47ページ。
(11) 森林経営計画の緩和措置は、策定率が低いという実態に加えて、自民党農林水産戦略調査会（会長：中谷元氏）と農林部会林政小委員会（会長：吉野正芳氏）が発表した「強い林業づくりビジョンと施策の構築について」(http://www.sanson.or.jp/sokuhou/no_1011/1011-2.html)（２０１３年12月20日取得）の第一に「森林経営計画」の見直しが掲げられたことが強く影響していると思われる。また、その背景には自伐林業運動が存在する。
(12) 梶山（２０１２）26ページ。
(13) 再生プランの議論については、餅田（２０１２）、泉（２０１２）に詳しい。
(14) 梶山（２０１２）27ページ。
(15) 梶山（２０１１）２６０ページ。
(16) 小島（２０１３）44ページ。
(17) 石崎（２０１０）。
(18) 林野庁「路網・作業システム検討委員会最終取りまとめ」（２０１０年11月17日）10ページ

(http://www.rinya.maff.go.jp/j/seibi/saisei/romou.html)（２０１２年9月10日取得）。同委員会の取りまとめに至った背景には、委員長を務めた酒井秀夫氏の「道さえあれば、（中略）提案型集約化施業が定着した次のステップとして、地域の自伐林家が増え、自伐林家の自発的木材生産を林業のあらたな主役に据え、森林組合や森林施業プランナーの働きかけなどで地域の森林経営計画に組込んでいくことができるようになれば、ようやくヨーロッパの自伐林家の水準に近づく」（酒井（２０１２）、１１２ページ）という認識、さらに「能率第一でなくても良い」家族経営としての「自伐林家の強み」「自ら経営判断できるおもしろさ」（同１０８ページ）という認識が強く影響したものと思われる。

(19) 森林・林業基本政策検討委員会（２０００）。

(20)「林政ニュース」第４７３号（２０１３年11月20日発行）。

(21) 属人計画の下限を30㏊から１００㏊に引き上げることの妥当性については、有識者の検討委員会ではまったく議論されずに、制度設計段階で林野庁から提示されたものである。当初の林野庁の意向は２００㏊とも５００㏊ともいわれるが、おもに大規模山林所有者をメンバーとする林業経営者協会と林野庁幹部の協議によって１００㏊となったといわれている（２０１３年林業経済学会春季シンポジウム議論等）。２０１０年世界農林業センサスによると、林家（１㏊以上の山林保有者）総数91万戸のうち１００㏊以上は０・３万戸（０・４%）、保有山林面積（５２１万㏊）は16%を占めるにすぎない。属人計画の策定ができなくなった30～１００㏊の森林所有者が本制度改正でもっとも大きな影響を受けた。

(22) 日本林業調査会（２０１３）を参考にした。

(23) 間伐が60年生までなのに対して、更新伐は90年生までを対象としている。再生プランの検討委員会での議論は搬出間伐に集中していたものの、主伐面積の拡大は全国森林計画の策定段階で伐採計画に織り込まれた。当該制度に主伐に対する助成を組み込んだ背景には人工林の齢級構成の平準化および木材自給率50％への木材生産量拡大のためには主伐が必要との認識があるものと思われる。なお、「更新伐」については公益的機能を担保するために、森林経営計画による主伐のうち、個別林分型（40％以下の単木択伐、水土保全機能に支障がないと見込まれる場合は「残存木の間隔の間隔が樹高の2倍までの帯状、群状の伐採」）またはモザイク林誘導型として「区域面積の33％以下かつ森林所有者ごとにおおむね50％以下とし、1伐区の面積はおおむね1ha以下」〔林野庁長官通知（２０１２ａ、ｂ）〕とされている。

(24) 飯國（２０１１）２４７ページ。

(25) 田代（２０１２）１８８ページ。

(26) 村田（２０１１）４～５ページ。

(27) 田代（２０１２）２０１ページ。

(28) 本節は佐藤（２０１３ｂ）の一部を利用し、加筆・修正したものである。

(29) センサスの体系変更とその問題点については、餅田・志賀編著（２００９）を参照のこと。

(30) 素材生産を個人や家族で受託する、一人親方的な施業受託者のような山林を保有しない家族経営もあるので、家族林業経営体はすべて林家ではない。しかし山林を保有していない家族林業経営体は１２９９経営体と少ない。

(31) 農業項目と林業項目のクロス集計結果は、興梠編（２０１３）の執筆に際し、農林水産省統計部に依頼して提供いただいたものである。

(32) 家族林業経営体による受託・立木買いの増加は、自伐林家がグループ化等によって近隣の林地の取りまとめを行なった場合のほか、森林組合作業班として雇用されていたものが一人親方として請負化されれたという形態も含まれると考えられる。その詳細は別途、実証的な研究が必要である。

(33) 林野庁「平成22年度木材需給報告書」より。

(34) ２０１０年世界農林業センサス・農山村地域調査（農業集落）の分析を行なった農林水産省（２０１２）によると、山間地域では主業農家が存在せず、集落営農組織もない集落が5割を上回っていることが指摘されており、中山間地域集落での農地管理の継続が危惧されている。４節でも事例的に紹介するように主業農家が地域（集落）に存在することは個別経営にとってのみではなく、地域再生の鍵にもなる。

(35) 森林整備地域活動支援交付金制度の第1期事業の効果については、佐藤編著（２０１０）年で考察した。制度設計自体に集落活性化を意図したものはなかったが、地域での多様な活用が可能であり、集落範域での活用がみられた地域があったことを指摘した。

(36) 父の正澄さんは１９７５年に市議会議員、１９９４年に市長に就任されたので、和久さんは20代から農林業の経営主となっている。

(37) 建築材を主な用途とする直材を示すA材に対して、合板やチップ用となる曲材をＢＣ材という。

(38) 全国的に計画策定が進まないなかで、２０１４年度からは計画策定要件の緩和措置がなされ、一定地域内で30haあれば策定可能となる予定である。

(39) 進藤（２００２）を参考のこと。

(40) 本補論は「日本の森林・林業分野におけるジェンダー関係と女性グループの役割」国際森林研究機関連合（ＩＵＦＲＯ）、「小規模林業経営」と「ジェンダーと林業」グループ国際合同研究会シンポジウム（２０１３年９月８日開催）の基調講演の一部を加筆・修正して作成したものである。

（41）農林水産省（２０１３）「食料・農業・農村白書」。

（42）ヨーロッパにおける私有林所有者の女性比率は、バルト三国で約50％、スウェーデンとフィンランドが約40％、ノルウェーが23％であり、スウェーデンでは林業分野での男女平等戦略が策定されている〔Lindestav, Gun（2013）〕。また、アメリカでは２００２年から２００７年の５年間に女性森林所有者数が19％増加したことを契機に女性森林所有者のグループ化を行政が支援している〔Strong, Nicol et.al（2013）〕。

（43）内閣府男女共同参画局（２０１３）。

（44）全国林業研究グループ連絡協議会女性会議（２０１１）による。

（45）旧富士町における集落範域の活動と森林地域活動支援交付金の活用実態については、池江・佐藤（２００６）を参照のこと。

（46）岩井（２０１３）。

引用・参考文献、ホームページ

飯國芳明（２０１１）「国民合意に基づく制度設計のための論点整理」『農業経済研究』第82巻、第４号、２４５～２６４ページ。

池江真希子・佐藤宣子（２００６）「集落を範域とした『森林交付金』制度の活用と課題～佐賀市富士町を事例にして」『九州大学大学院農学研究院・学芸雑誌』第61巻第２号、３８９～３９６ページ。

石崎涼子（２０１０）「森林・林業政策の改革方向と地域森林管理」『林業経済研究』Vol.56、No.1、29～39ページ。

泉英二（２０１２）「『森林・林業再生プラン』に基づく林政の再検討（Ⅲ）〜交わされた議論の整理〜」『山林』№１５４１、２０１２年（c）、10〜27ページ。

岩井有加（２０１３）「林業女子の十か条」『山林』№１５４７（２０１３年4月号）18〜24ページ。

遠藤日雄（２０１０）『不況の合間に光が見えた〜新しい国産材時代が来る〜』Ｊ‐ＦＩＣ。

岡田秀一（２０１２）『「森林・林業再生プラン」を読み解く』日本林業調査会、１２２ページ。

笠原義人（１９７５）「現代日本森林組合論序説」『九州大学農学部演習林報告』第49号、１〜１０６ページ。

梶山恵司（２０１１）『日本林業はよみがえる 森林再生のビジネスモデルを描く』日本経済新聞出版社、２８０ページ。

梶山恵司（２０１２）「森林・林業再生プランと富士森林再生プロジェクト」『日本の森林を考える』通巻40号、17〜28ページ。

熊本の山の木で家をつくる会ＨＰ（http://www.k3.dion.ne.jp/~kumamoto/）（２０１３年10月1日取得）

北尾邦伸（２００９）『森林社会デザイン学序説 第3版』日本林業調査協会、３８８ページ。

興梠克久（２００２）「山林保有主体の全体像と林家の位置づけ」「林家経済の多様化と実態」『林家経済の基礎的研究（1）〜２０００年世界農林業センサスの分析〜林政総研レポート№61』林政総合調査研究所。

興梠克久編（２０１３）『日本林業の構造変化と林業経営体―２０１０年林業センサス分析』農林統計協会、３０８ページ。

小島孝文（２０１３）「森林・林業再生プランの目指すもの―森林計画制度を中心として―」『林業経済研究』Vol.59、№１、36〜44ページ。

酒井秀夫（２０１２）『林業生産技術ゼミナール～伐出・路網からサプライチェーンまで～』全国林業改良普及協会、２０１２年、３４９ページ。

佐藤宣子・興梠克久（２００６）「林家経営論」（林業経済学会編『林業経済研究の論点～50年の歩みから～』日本林業調査会）２３３～２５４ページ。

佐藤宣子（２００３）「自伐林家の展開局面と森林所有」堺正紘編著『森林資源管理の社会化』九州大学出版会、１６３～１７８ページ。

佐藤宣子編著（２０１０）『日本型森林直接支払いに向けて～支援交付金制度の検証～』日本林業調査会、２６２ページ。

佐藤宣子（２０１３ａ）「『森林・林業再生プラン』の政策形成・実行段階における山村の位置づけ」『林業経済研究』Vol.59（１）、15～26ページ。

佐藤宣子（２０１３ｂ）「家族林業経営体の農業構造および農林業経営体による素材生産の実態」（興梠克久編（２０１３）前掲編著所収、１０９～１３４ページ）。

森林・林業基本政策検討委員会（２０００）「森林・林業の再生に向けた改革の姿（平成22年11月）」（林野庁内ＨＰ（http://www.rinya.maff.go.jp/j/kikaku/saisei/pdf/dai3kai_suisinhonbu_siryou1.pdf）（２０１２年８月25日取得）

森林総合研究所編（２０１１）『山・里の恵みと山村振興』日本林業調査会、３６７ページ。

志賀和人（２０１３）「現代日本の森林管理と制度・政策研究～林野行政における経路依存性と森林経営に関する比較研究～」『林業経済研究』Vol.59（１）、３～14ページ。

進藤卓也（２００２）『奈落の舞台回し 前水俣市長 吉井正澄聞書』西日本新聞社、２３８ページ。

Strong, Nicole, E. Sagor, A. Muth, A. Subji, T. Walkingstick, A. Gupta, A. Grotta (2013) Women Owning Woodlands in the United States: Status and trends in Extension outreach and education, IUFRO 2013 Joint Conference of 3.08&6.08 "Future Directions of Small-scale and Community-based Forestry", Kijima printing Co. Ltd., p.44-50.

田代洋一（２０１２）「農産物価格・直接支払い政策」『農業・食料問題入門』大月書店、１７１～２０５ページ。

日本林業調査会（２０１３）『森林計画業務必携 平成25年度版』Ｊ‐ＦＩＣ。

木村衣里菜（２００５）『山口県における女性林業研究グループの役割～山口県を事例に～』（平成16年度九州大学提出卒業論文）。

Lindestav, Gun (2013) Gender issues in European small-scale forestry, IUFRO 2013 Joint Conference of 3.08&6.08 "Future Directions of Small-scale and Community-based Forestry", Kijima printing Co. Ltd.,p.22-33.

内閣府男女共同参画局（２０１３）『男女共同参画白書　平成25年版』63～64ページ。

農林水産省（２０１２）『２０１０年世界農林業センサス総合分析書』農林水産省大臣官房統計部（本書のとりまとめは、以下の6名を委員とする２０１０年世界農林業センサス分析検討会議の指導・助言のもとでとりまとめられた。安藤光義、興梠克久、澤田守、高橋明広、橋口卓也、吉村秀清）、２２５ページ。

農林水産省（２０１３）「平成24年度　食料・農業・農村白書」。

村田武（２０１２）「個別所得補償・直接支払の基本論点」『農業・農協問題研究』２０１２年、２～５ページ。

餅田治之・志賀和人編著（２００９）『日本林業の構造変化とセンサス体系の再編〜２００５年林業センサス分析』農林統計協会、２６１ページ。

餅田治之（２０１２）「森林・林業再生プラン」遠藤日雄編著『改訂　現代森林政策学』日本林業調査会、71〜81ページ。

森田学（１９９７）『森林組合論：戦後森林組合の機能論的研究』地球社、３１０ページ。

林業女子会@京都：http://fg-kyoto.jugem.jp/（２０１３年８月20日取得）

林業女子会@静岡：http://www.fgshizuoka.com/about_ver2.html（２０１３年８月20日取得）

林野庁・分野別情報・森林・林業再生プランＨＰ（http://www.rinya.maff.go.jp/j/kikaku/saisei/index.html）再生プランの各種委員会の議事、資料一式（２０１０年２月〜２０１２年10月まで随時取得）

林野庁長官通知（２０１２ａ）「森林環境保全整備事業実施要領（23林整整第９１０号）」最終改正２０１２年３月30日。

林野庁長官通知（２０１２ｂ）「長期育成循環施業の実施について（23林整整第９７９号）」最終改正２０１２年３月30日。

全国林業研究グループ連絡協議会女性会議（２０１１）『はつらつ』15号。

（追記）

取材にあたって、吉井和久・惠璃子ご夫妻および久木野ふるさとセンター愛林館の沢畑亨館長に大変お世話になりました。深く感謝いたします。

本章は、「少子高齢化時代における私有林地の継承と持続的な森林管理手法に関する比較研究」（科学研究費基盤研究（Ｂ）、２００９～２０１２年、研究代表者：佐藤宣子）および「東アジアにおける木材自給率向上政策の展開と山村への社会経済的影響」（科学研究費基盤研究（Ｂ）、２０１３～２０１６年、研究代表者：佐藤宣子）の成果の一部である。

第2章　再々燃する自伐林家論

——自伐林家の歴史的性格と担い手としての評価

興梠克久

1　本章のねらい

「自伐林家」とは、保有する森林において自家労働中心で育林作業や伐採・搬出を行なう林家（森林を保有する世帯）のことである。もちろん、保有森林での作業だけでなく、ほかの林家から作業を頼まれる部分を含む場合もあるだろう。しかし、伐採・搬出作業をすべて外部に発注する林家や、そもそも伐採・搬出を行なっていない林家、森林を保有していない家族経営的な林業請負業者は、一般には自伐林家に含まない。

さて、本章のタイトルを「再々燃する自伐林家論」としたのは、表2-1に示すように、戦後、自

表2－1　家族林業経営論の展開

時期区分	おもな特徴、論点
第一の波（1950～70年代）	●拡大造林の担い手 ●育林経営の安定化としての農林複合経営 ●林業労働力の析出基盤
第二の波（1980～90年代前半） …「再燃」	●小型機械による間伐材の自家伐出（自伐）
第三の波（1990年代後半以降） …「再々燃」	●自伐林家の組織化と地域森林管理 ●バイオマス利用と自伐林業の拡大

資料：筆者作成。

伐林家ないし家族経営的自営林家が林業の担い手として注目されたのが３回見られるからである[1]。

第一の波は１９５０年代後半～１９７０年代で、中小農家林家が拡大造林や育林の担い手として注目され、農林複合経営のかたちで経営の持続性を確保し、林業労働力の析出基盤としても期待された。経営の持続性という視点からの林家論といってよいだろう（本章２節）。

第二の波は１９８０年代～１９９０年代前半で、戦後造林木が生長し、間伐期に入り、林内作業車などの小型機械によって小径木として販売するようになり、担い手として注目された。生産性（主として労働生産性）の視点からの林家論といってよいだろう（本章３節）。

第三の波は１９９０年代後半以降で、自伐林家のグループ活動や他人からの森林作業を受託するなど所有の枠を超えた活動事例が見られはじめ、また、小面積分散伐採が環境配慮型施業として注目された。つまり、社会性の視点からの林家論ということができるだろう（本章４節）。本章５節では静岡県の自伐林家グループの活動を事例に取り上げ、この社会性視点について実証的に検討する。

なお、本章５節で第三の波の事例として取り上げるのは、用材林業における動きである。第三の波にはもう一つの動きがあり、「土佐の森・救援隊」や「木の駅プロジェクト」のような燃料材生産に係る自伐林業推進運動が木質バイオマスの利用と地域通貨の活用を伴う地域再生活動として全国に広がりを見せている。これについては次章で述べる。

最後に本章6節では、昭和期には保有森林に経済的価値しか見いだせなかった林家が平成期になると都市との交流を契機として生態系保全や保健文化などの公益的価値をも見いだすようになり、林家経営が新たなステージに移りつつある姿をある林家を事例に描きたい。

2　農林複合経営の特徴——持続性視点

(1) 農業と林業の複合関係

一般に、農林業経営において、生産資源の利用が競合せずに補足し合い、全体としての資源利用を高めるような部門間の結合関係を補合関係といい、各部門がいろいろな関係で相互に援助しあう結合関係を補完関係という(2)。

農業と林業の関係において補完関係といえるのは、現在では混牧林における畜産と育林の複合関係がわずかに残っているだけだが、以前は、肥料や飼料の外給が困難で林野の下草が肥料源や飼料源として、また落葉が苗床資材として、あるいは木炭が家計用のみならず農業生産用としても重要であった。[3] 一方、補合関係は、労働力の季節配分（年間完全燃焼）や施設・機械の共用（小型運搬車、チェンソー、下刈り機、トラクター、倉庫、農道・林道など）が主要なものとしてあげられる。

農林複合関係の意義[4]を整理すると、①農業経営の規模拡大投資や家計上の大型臨時出費にストック資産としての森林伐採が大きな意義をもっていること、②森林という一定の資産保有が変動的な農業経営の安全弁として機能していること、③農業との技術共用（とくに、シイタケ原木林の伐採技術のスギ間伐材伐採への応用など、伐採・搬出技術の会得）、④一定の恒常的所得を実現する農業の存在は他産業への通勤的労働機会の不十分な山村において重要な所得機会となっており、そのことが育林労働力の定着に寄与していること、⑤林業経営規模の拡大が困難ななか、小規模でも農林業で通年就労が一定程度可能なことなどがあげられる。

ここで重要なのは、農林複合経営における間断収入の意味についてである。農業部門はほとんどが連年収入をもたらすが、林業部門は小規模経営においては間断収入にならざるを得ない。しかし、農林複合経営において、林業部門は毎年用材収入がなくとも来るべき臨時出費（大型家財・車の購入や教育費、婚姻費用、農林業機械購入等）への備えとしての性格をもち、農業や兼業からの連年収入を長期間にわたって補完する意味で、農林複合経営にとって森林は文字通りの財産、資産（商品的財産）ではなく、まさに生活基盤であり、労働力の再生産構造上不可欠なのである。[5] こうした点を野口俊邦は「商品所有的土地所有」に対する「生存権的土地所有」という概念を導入して説明している。[6]

（2）農林複合経営の多様性と発展

舟山良雄は、農林複合経営において林業が経営のなかで占める位置に注目して四つに類型区分し、同時にこれらを農林複合化の過程における発展段階ととらえ（林業従属部門型→林業副次部門型→農林複合型）、そのうち規模が大きいなど生産基盤に恵まれ、保続的経営の内容が充実しているものは林業単一型に発展するとした。以下、これらの類型を紹介しよう[7]。

①林業従属部門型：農業などの生産部門に必要な資材や労力を供給し、それらの部門を内部的に支える従属部門として林業が位置づけられている場合（いわゆる農用林）で、たとえば、肥料や飼料、燃料、営農資材の供給、薪炭生産やシイタケ生産のための原木の供給、シイタケほだ場や放牧地（林間放牧）としての利用などがあげられる。また、家計用（自家建築用材や自給用薪など）としての林野利用も盛んである。

②林業副次部門型（準単一型）：農業が主要部門で、土地・労力・資金等の生産要素の遊休化を防ぎ、利用効率を高めることで経営全体としての所得を高める部門として林業が位置づけられる。販売用薪炭やシイタケ原木を採取的に生産し、その跡地にスギ・ヒノキ等を植林（拡大造林）し、将来、用材林業を行なうための準備段階（林業生産基盤の整備時期）として位置づけられる。雇われ兼業等が従属部門として経営を支えているケースも少なくない。

③農林複合型：林業がほかの生産部門と並んで主要部門を形成している場合で、戦後造林木が間伐

時期を迎え、間伐材販売が活発化することによって木材収入の間断性がある程度緩和される。主要部門として経営を支える他の生産部門として最も一般的なものは農業や特用林産（シイタケ等）である。ここでも、これらを支えるかたちで雇われ兼業等の従属部門が結合することが多い。

④林業単一型：林業のみが主要部門で、販売収入を林業部門に強く依存する経営である。大規模経営に多く、森林資源の齢級構成など保続的林業経営としての内容が比較的充実しているといえる。

（3）農山村における兼業農林家の存在意義

しかし、現実には厳密な意味での農林複合経営はわずかであり、大半は経営規模が小さいこと、森林資源内容などに規定され、林業副次部門型の段階にあるといえるだろう。もちろん、この場合でも林業は副次部門としての役割を果たしてはいるのだが、林業の長期低迷の下で小規模でも経営が成り立つような経営基盤の整備が不十分であり、林業一つで副次部門としての役割をまっとうできていない状況にある。すなわち、林業のほかにも別の副次部門が必要となり、それが兼業（賃労働部門）の深化という現象にほかならない。

こうした小農の兼業化に対して規模の経済性だけから評価する見方は、なぜ農林家の大部分が兼業化せざるを得なかったかという、日本農林業の置かれた歴史的現実をふまえていない。坂本慶一は、農林家の兼業化とは、農林業を取り巻く社会経済的諸条件の変化のなかで、家族的小農経営という制約をもつ日本の農林家が主体的に選択した結果であるとした(8)。

　また、兼業農林家は小規模ゆえに不経済的であること、土地の有効利用がはかられていないこと、経営基盤整備に消極的であるとする生産性重視の見解は、兼業農林家の生活者としての論理や地域社会の重要な構成員であるという認識に欠けている[9]。そこで、私経済的・私生活および地域社会・地域経済・環境的な役割という観点から、兼業農林家の存在意義を整理すると以下のようになろう。

①私経済的・私生活的な観点：兼業農林家にとって農業とは、たんなる趣味・道楽ではなく、生きがいそのものであり、生活基盤でもある。また、兼業とは「一人一生一職」を固定化している現代工業化社会の人間疎外的・分断的職業体制への農林家の無意識の抵抗にほかならず、またそれは、ライフサイクルに即応した「一人一生一職」、「同時多職」への潜在的欲求を実現するもので、「生産者＝消費者」という新しい文明的職業のあり方を先取りしている[10]。さらに、林業においては小型でも生産力はけっして低くない機械体系も開発され（たとえば地曳集材機能付きの林内作業車や簡易木寄せウインチ、小型バックホー・グラップルなど）、自伐化により自家労賃を所得として観念することで経営目的が林業所得の獲得から林家所得＝林業所得＋自家労賃に拡大するため、価格変動への対応が柔軟になることも小農経営の足腰の強さのゆえんにもなっている。

②地域社会の観点：兼業農林家は農山村地域の主要構成員であり、水・土地・林野などの地域資源の共同管理をはじめ、相互扶助組織の維持や伝統文化の継承などによって、生産の中核を担う農林家の生産活動を容易にし、社会的費用の節減、農山村の活力維持にも役立っている[11]。また、兼業農林家は消費者としても地域農産物市場で大きな役割を果たしている。さらに、林業において

は、環境負荷的な大規模施業（その典型が短伐期大面積一斉皆伐施業）に対するアンチテーゼとしての環境配慮型施業（長伐期・小規模分散施業）を担う主体として小農経営に注目することもできよう。

このように、農山村の兼業農林家において農林業以外の兼業収入が副次部門として大きな役割を果しているという現実は、兼業農林家の存在意義を考えるとけっして過渡的な存在形態ではなく、円滑な世代継承・相続を前提とすれば持続的な小農様式といってもよいのではないか。

3　低コスト林業への「二つの道」——生産性視点

(1) さまざまな林業機械

戦後においてわが国林業は二つの生産力向上を経験してきている。一つは土地生産性の向上で、具体的にいえば1950年代後半から1970年代にかけて盛んに行なわれた拡大造林のことである。すなわち、燃料革命によって価値が低下した旧薪炭林をパルプ用材として伐採し、その跡地に成長が早く、生産量（材積）も大きいスギ、ヒノキ、カラマツなどの針葉樹の人工造林を行ない、全国で1000万haもの人工林を短期間で造成してきた。

もう一つは労働生産性の向上で、とくに1990年代以降の高性能林業機械の急速な普及を要因と

表2-2　民有林における林業機械普及台数（全国）

（単位：台）

区分	1990	1995	2000	2005	2010	2011
高性能林業機械	167	1,243	2,285	2,909	4,671	5,089
運材車、林内作業車	25,676	25,303	22,238	18,083	14,024	13,770
集材機（大型・小型）	20,378	18,378	15,538	11,469	9,318	9,087
その他（トラクタ、モノレール、自走搬器）	7,558	7,259	6,262	5,246	4,395	4,164

資料：林野庁「森林・林業白書」2013年版。

して、機械化による素材（木材）生産性が向上していることである。

ところで、チェンソー、下刈機、枝打機を除けば、林業機械と言えば伐出作業に使用する機械がほとんどである。２００２年度の森林・林業白書ではこれらの伐出林業機械を集材機械系、林内作業車系、高性能林業機械系の三つに大別しているが、それに倣って過去20年間の林業機械の普及台数を示したのが表2-2である。

フェラーバンチャ（伐倒機）やハーベスタ（伐倒・造材機）、プロセッサ（造材機）、タワーヤーダ／スウィングヤーダ（移動式タワー付き集材機）、フォワーダ（積載式大型運材車）、スキッダ（地曳集材車両）といった高性能林業機械と呼ばれるものが急速に普及していることがわかる。これらの機械はいずれも大型重機をベースマシンとしており、大規模な伐採現場に適合的であり、多くの森林所有者から森林施業や経営を受託する林業事業体が団地化された作業現場で使用する。しかし、価格が非常に高く1台２０００万円以上するので、いかに稼働率を上げるかが大きな課題である。

一方、運材車／林内作業車はもともと果樹農業向けの機械として古くからあったものを林業用に改良を施したものである。ウインチ付きのものが多く、地曳集材および運搬が可能である。高性能林業機械に比べるとはるかに小型で、積載量は１m^3クラスのものが多い。また、運搬路も開設費用の安い低規格作業路（たとえば幅２m）で十分である。価格も２００万円台と乗用車並みの価格で、家族経営でも購入しやすい。20年前と比較すると台数は大幅に減少しているが、現在でも普及台数がもっとも多い。

集材機は最も歴史が古く、長く日本の林業生産を支えてきたが、車両系の高性能林業機械や林内作業車の普及によってその地位を奪われつつある。保有しているが現在はめったに使わないという林業事業体も多い。

(2) 低コスト化への「二つの道」と「近代的機械制小経営」

このように、わが国の林業機械化は方向性としては集材機系から車両系（高性能林業機械と林内作業車）に移りつつある。その車両系は今後、高性能林業機械に完全に置き換わっていくのだろうか。筆者は生産性の観点からみても答えは否であると考えている。

すなわち、高性能林業機械系は大規模な作業現場を扱う林業事業体に、林内作業車系は小規模・分散的な作業現場、すなわち家族経営に適合的であることはすでに述べたが、表2-3に示したように、年間稼働日数がどうしても短めになりがちな家族経営においては小型機械のほうがかえって低コストで伐出作業が可能である。もちろん、作業現場が年間通じて安定的に確保され、ほぼ年間通じてフル稼働していれば、計算上は高性能機械の方が低コストである。

表２-３　二つの機械化定形の伐出（間伐）コスト

（単位：円/m³）

年間作業日数（日）	50日	100日	200日
小型機械化体系（林内作業車）	7,789	6,878	6,422
大型高性能機械化体系（プロセッサ等）	11,431	7,494	5,526

資料：南方康『機械化・路網・生産システム』日本林業調査会、1991年、39～63ページ。

また、林業の生産過程の特質から、林業機械の小型化は当然の方向であるという考え方がある。かつて農業経済分野で活発に議論されたある論点がその根底にあるので、まずはそこからみておこう。[12]

日本では農地改革によって戦後自作農が創設されたが、１９６０～１９７０年代においては雇用にもとづく資本主義的大経営の形成は畜産など施設型農業の一部に限られ、いわゆる「土地持ち労働者」の対極に機械化と借地によって耕作規模を拡大した大型の家族経営が形成され、その中間に大多数の農家が兼業滞留していた。それをめぐって当時、二つの見解があった。まず大内力は、段階論を駆使して国家独占資本主義における中農標準化傾向の１バリエーションとしての「大型小農論」を展開した。[13] そのことを生産力視点を重視しつつ実証したのが綿谷赳夫、伊藤喜雄、梶井功らであった。[14] 彼らは、「農業解体」[15]という「大流」＝多くの農民の脱農化・賃労働者化の対極に、「大型小農」「小企業農」などと呼ばれる新たな家族経営が形成されつつあることに注目し、それは利潤意識にめざめ、体系的な機械化を実現した新しい家族経営だとした。一方、暉峻衆三は、施設園芸や畜産など「土地障壁」を容易に回避しうる分野から資本の参入がみられ、曲がりなりにも農業全体の資本主義的性格が強化しているとし、[16] その後、農民層を「農業解体」という「大流」からいかにして救うかという「農業再構成論」が多くの論者によって展開された。磯辺俊彦や田代洋一の「集団的自作農制」、太田原高昭の「農民的複合経営」はその代表的なものであろう[17]。

「大型小農論」と「農業再構成論」は、担い手とする階層は異なっているものの、両者とも家族経営を担い手としている。中村哲は、「大型小農」の形成、「中農化の実践」[18]としての「農民的複合経営」の展開を、いずれも「近代的機械制小経営」と呼ばれる家族経営への集約を示すものとして比較経済史的な視点から相対化しようとした。中村は、農業では生産過程の特質（基本的生産手段である耕地は広い面積を要するため労働者や労働用具は移動性を要求されること、農作業は作物の生育段階に応じて行なわれ季節的・気候的依存性が強いため労働過程は規則性をもち得ず時間的に配列し、一般に分業・協業化が成立しにくいこと）から多人数の分業、協業にもとづかない、１人で操作可能な方向での機械化、つまり小型機械化し、家族経営のかたちで発展するとした[19]。

林業においても、林地が基本的生産手段であること、急傾斜、空間的に固着した労働対象（林木）、林木の成長段階や季節・気候に強く依存した作業体系などの生産過程の特質や規模拡大のための林地獲得の困難性などの面から、多数の労働者の分業・協業化を伴わない機械化が要求される。そして、環境問題の深刻化や林業不振を背景に短伐期皆伐作業への批判が高まり、伐期繰り延べに伴う間伐の性格の変化（収入間伐の増加）ないし非皆伐作業への移行のなかで、高密度路網・小型機械化を軸にした技術体系へ転換することによって、主伐（収穫）を家族労力で行なうことが可能になれば[20]、林業分野においても「近代的機械制小経営」の形成という視点は重要であろう。

（3）私有林管理の「二つの道」と自伐林家

「低コスト林業」の実現に向けては高性能林業機械化と小型林業機械化の「二つの道」があるとしたが（表2-4）、これは私有林管理の方向性にも「二つの道」があることを示している。

第一の道は、森林所有者から森林施業・経営を受託する林業事業体を担い手に措定し、林業事業体が森林計画制度に積極的に関与する、つまり施業・経営の集約化を推進して、林業事業体が森林所有者に代わって個別の森林計画を樹立することを推進することである。２００１年の森林・林業基本法制定や森林法改正、２０１２年の森林計画制度改革（森林経営計画）はこの動きを促進する政策であった。

第二の道は、家族労働による林業・森林管理である。これまで述べてきたように、農林（賃）複合経営の形成と小型林業機械による低コスト生産が特徴である。次世代への林地所有の継承（相続）が円滑に行なわれれば、第一の道と併存し

表2-4　林業低コスト化への「二つの道」

機械化のタイプ	おもな特徴
高性能機械化	●ロット確保のため、集約化･団地化 ●森林組合、素材生産業者への施業･経営委託
小型機械化	●{ロットが小規模 分散するスギ高齢級間伐経営 ヒノキ集約的経営に適合的な機械化 + 自伐化による林家所得（V＋P）増大（高賃金節約） ●小型車両（林内作業車）、小型自走搬器、小型重機ベースのグラップル等が中心的なイメージ ●林家グループ設立と機械共同利用を県単事業で推進（静岡県）

資料：筆者作成。

てわが国の林業を担う主体として期待されるのだが、国政上の位置づけは低いといわざるを得ない。

4　林家経済論の展開と第三の研究視点——社会性視点

(1) 林家経済の階層性と地域性

林家経済の分析はその階層性と地域性に着目して進めることが重要である。なぜなら、林業においては雇用労力に依拠し地代・利潤追求的な大経営と、家族労働力に依拠し林家所得（＝林業所得＋自家労賃）を追求する小経営が併存するとともに[21]、林業生産活動を規定する諸要因（自然的制約条件や造林の歴史、土地所有制度、地域労働市場の展開、農業経営の形態など）には地域的差異が見られるからである。

林業における地域性分析軸として、①林業先進地・新興地・後進地の区分（人工林資源構成と造林の歴史を反映した地域性指標）、②土地所有制度を反映した地域性指標（たとえば、国有林地帯、民有林地帯）、③家族構成に注目した区分（多世代型の東日本、単世代型の西日本）、④地域労働市場の展開度（兼業化が深化した地域、労働市場が狭隘で兼業化が遅れている、あるいは兼業化しつつある地域[22]、あるいは通勤兼業型、出稼ぎ型、挙家離村型という伝統的な過疎山村類型区分[23]、⑤立地に注目した区分（山間・中間・平地・都市的地域）、⑥施業体系に注目した区分（木材需要への対応如何

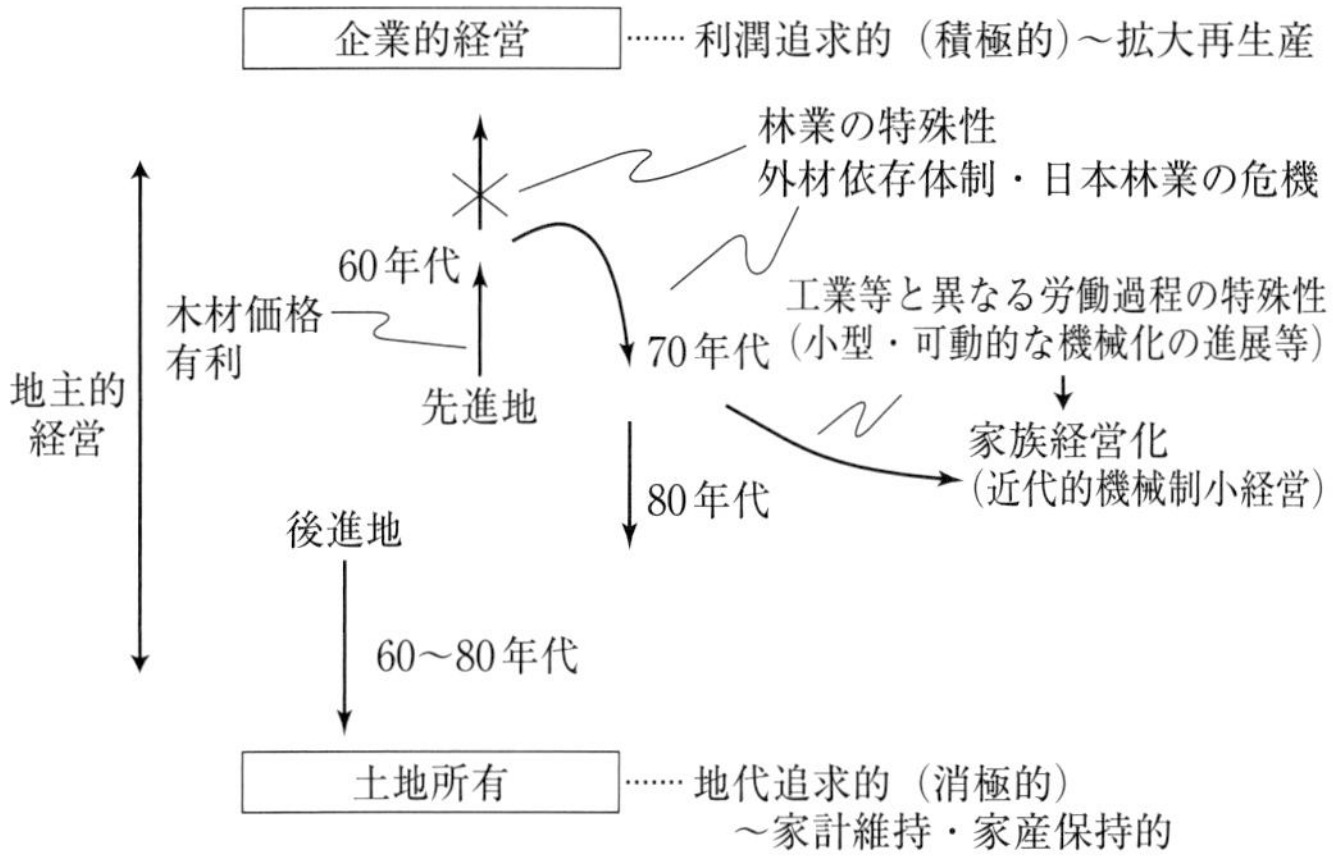

図2-1　昭和期の「大経営」（上層林家）の動向

資料：興梠克久「林家経済の分析―『1990年世界農林業センサス』の分析―」『林業経済研究』第125号、1994年、54～59ページ。

と成長の早さ、自然災害の多寡などを反映して、長伐期地帯、短伐期地帯）、⑦農業生産構造（農林複合経営が広範に形成されている地域、稲作または畑作単作農業地帯、あるいは農家・非農家別など）などがあげられる。とくに①や④が林家経済の分析軸に多く用いられてきた。

筆者はこれまで上記の分析視角をもって林業センサスなどの統計を用いて戦後の林家経済の動向をおさえてきた（図2-1、図2-2）。昭和期までの林家経済の動向を整理すると以下のとおりである㉔。

雇用労力にもとづく大規模経営、すなわち上層林家は、長期性などの林業の特殊性や外材依存体制、森林組合を上から育成する林業政策などによって、上層林家の資本主義的経営、つまり利潤追求的で拡大再生産を遂行す

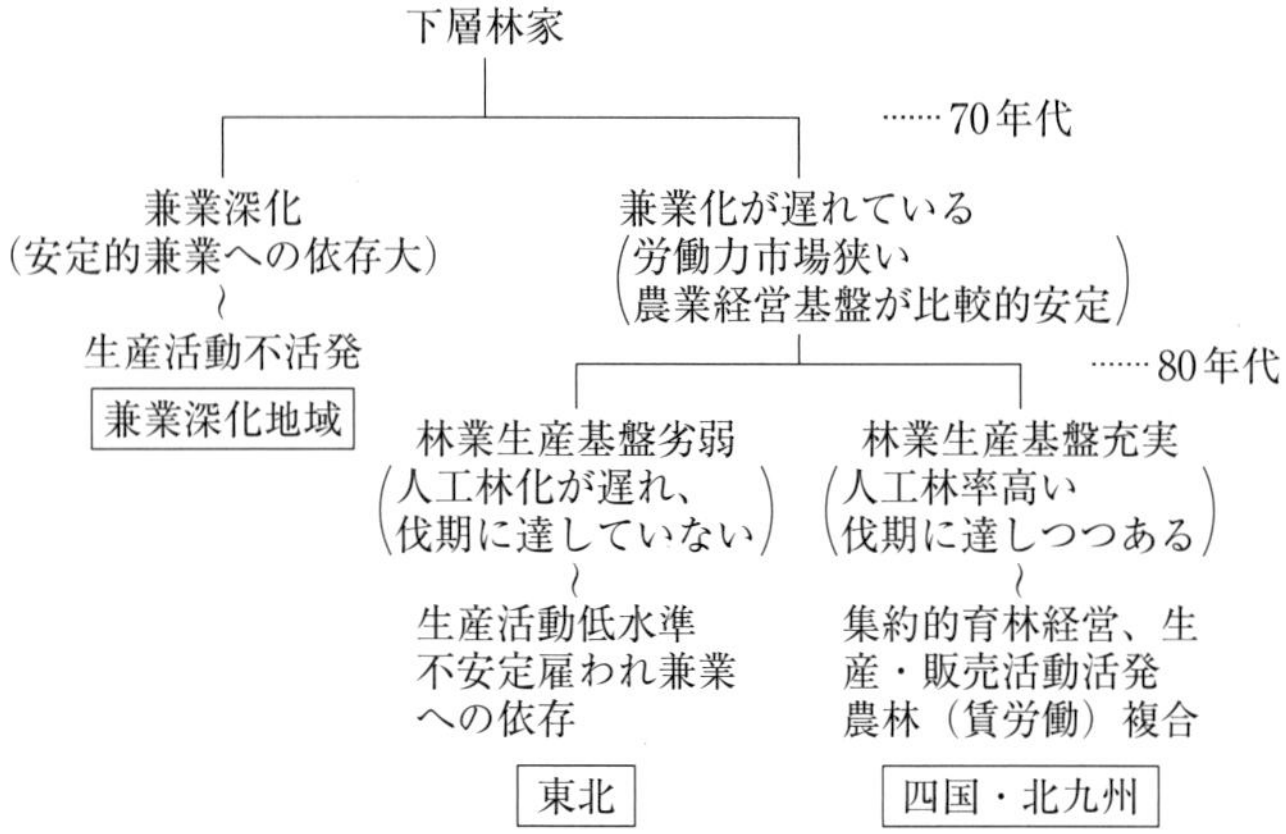

図2-2　昭和期の「小経営」（下層林家）の動向

資料：図2-1に同じ。

る性格の強い企業的経営への発展は困難であり、土地所有へ後退することが明らかとなった。しかし、上層林家が全面的に土地所有へ後退・純化しつつあるわけではなく、一部に雇用労力を排除し家族労力への依存を強める傾向もみられた。

一方、家族労力にもとづく中小規模林家、すなわち下層林家が日本林業の担い手として初めて注目されたのは、1960年の基本問題答申であった。下層林家は薪炭生産の崩壊のかたわら活発に拡大造林を行なったが、同答申はこれを担い手として育成すべきだとした。1970年代以降、下層林家の評価は大きく二つに分かれた。一つは、育林資本＝利子生み資本説にもとづいて、育林過程を担う山村農民の性格はたんなる土地所有であると規定し、森林組合等の林業事業体を担い手として育成するうえからの林業再編に追随するものである。もう一つは、本章の2や3で取り上げた農林複合経営論や小型機械化に関する議論である。

１９９０年センサスまでの下層林家の動向をみると、安定的な兼業収入への依存を強めている兼業深化地域では、林地の手放し傾向がさらに強まり、生産活動も不活発であった。一方、兼業化が遅れ相対的に農業経営基盤が安定している兼業化地域では、農林家の森林保有が比較的安定していた。そのうち戦後造林地が伐期に達しつつある四国・九州では、零細層を中心に脱農林化する一方で、集約的な育林経営が行なわれ、木材生産・販売も相対的に活発であった。

（２）林家経済の分析視角の広がりと担い手の要件

１９９０年林業センサスまでは調査項目も比較的充実していたので、林家経済の階層性、地域性に着目した持続性、生産性の視点からの分析が可能だったわけだが、２０００年代以降は国の統計改革の下で林業センサスの仕組みが抜本的に変わるとともに、調査項目が大幅に削減されたため、こうした分析はかなり限定的にならざるを得なくなった[25]。

しかし、同時に、持続性、生産性にとどまらず、新たな分析視角が必要となってきたのである。表２-５は戦後林家研究史の論点を佐藤宣子が整理したものである。要約すると[26]、戦後の拡大造林期には土地生産力の高度化という生産性視点から、とくに１９６０年に出された農林業基本問題調査会答中の林業経営評価を巡って議論が活発になされた。拡大造林の収束と外材依存が進む１９７０年代になると生産性視点からの研究は停滞し、育成途上の人工林資源の管理を林家が担うためには農林複合

家研究視角の変化

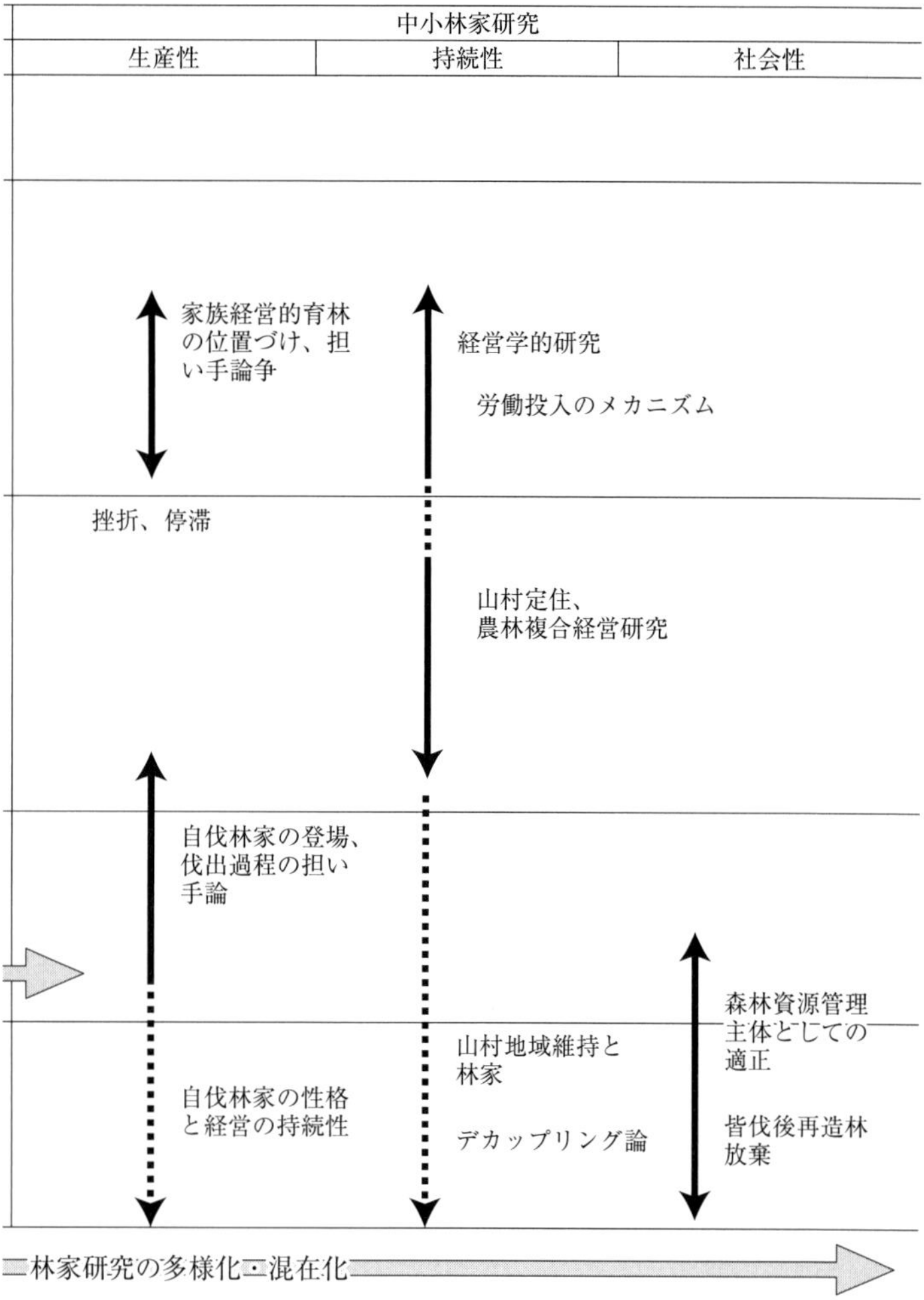

50年の歩みから―』日本林業調査会、2006年、223ページ。

表2−5　戦後林

視角	大規模林家研究	
年代	生産性	社会性
50年代前半	林業の特殊性と	
50年代後半	林業資本主義化論	
60年代前半	林業資本主義化の外部条件 ユンカー経営論	
60年代後半		
70年代前半		
70年代後半	土地所有への後退	
80年代前半		
80年代後半		
90年代前半		
90年代後半	大規模林家の家族経営化	不在村所有、皆伐後再造林放棄問題＝資源管理面での評価
2000年～		

資料：佐藤宣子・興梠克久「林家経営論」林業経済学会編『林業経済研究の論点—

表２-６　担い手論としての林家経済の評価基準

項目	林家経済の分析視点	家族林業経営の具体像
生産性	●かつては天然林から人工林への転換（拡大造林）という土地生産力の高度化、現代では機械力の活用による素材生産の生産効率化（労働生産力の高度化）が主要な問題	●「近代的機械制小経営」概念（中村哲）～小型・可動的な林業機械を駆使する家族経営
持続性	●持続可能な森林経営（計画的な育林・伐採）、農林複合経営論など経営安定化のほか、定住社会＝山村の振興、家族形態や世帯員個人の動態、集落機能の変容などの問題	●農林複合経営論（和田照男、舟山良雄、野口俊邦ほか）～畜産、シイタケ、茶、農林外兼業、年金等との複合経営
社会性	●森林の公益的機能の維持・増進のための社会的管理の問題、とくに、経営マインドが後退した森林保有主体に代わって、所有の枠を越えた伐採・育林活動を展開しているかという問題	●森林モザイク論（木平勇吉）＋森林発達段階論（藤森隆郎）→森林の機能的適正配置論（興梠克久）～環境配慮型施業としての小規模分散施業 ●林家の組織化（経営の一部共同化）＋他人の山林の管理受託～地域森林管理の担い手（堺正紘、志賀和人ほか）

資料：筆者作成。

経営として育成し、その定住社会である山村の振興が必要であるといった持続性視点からの研究が中心となった。その後、戦後拡大造林地が利用段階に入る１９８０年代後半になると、各地で自伐林家による素材生産が見られるようになり、その評価を巡って生産性視点（ここでは労働生産性）からの林家研究が再燃した。１９９０年代以降になると、木材価格低迷の下で進む人工林の間伐の手遅れ、台風被災林の放置、皆伐の増加と再造林の放棄といった１０００万haにも及ぶ人工林資源の質的劣化が深刻化した。他方で、「緑のダム」機能やレクリエーション需要、地球温暖化への寄与など森林へのニーズが高度化、多様化するなかで、林家経営研究に生産性、持続性に加えて社会性という分析視角が要請されるようになった。

この社会性の問題を最初に体系的に論じた堺正紘は、森林所有の「社会化」について、「少なくとも森林資源所有（利用）の一定の社会化、すなわち『伐らない自由・植えない自由』等の社会的なコントロール」と述べ、その担い手像として「高い素材生産力を有し、経営内外の労働力を造林保育作業にも振り向け、伐採後の再造林を担当できる、素材生産者のような林業サービス事業体がふさわしい」としたうえで、さらに、「森林組合はもちろん、所有林の枠を超えて伐採や造林保育事業を行なう能力のある『機械化林家』等も含めて考えるべき」とした[27]。

本章における自伐林家論の三つの視点（生産性、持続性、社会性）は、堺が自伐林家の評価視点として整理した3点（①高い素材生産力、②計画的な伐採と確実な更新、③所有の枠を超えた伐採・育林活動の展開）におおむね倣っているが、本章でいう持続性とは経営の持続可能性であることには違いないが、どちらかというと労働力の再生産構造の安定性（再生産構造論）の意味合いが強く、森林認証の取得などの環境対応は社会性にも通じる論点として整理している。したがって、本書でいう社会性には環境対応と所有の枠を超えた活動の二つの意味が込められている（表2-6）。

5　自伐林家は日本林業の担い手か？——静岡県における実証的研究

(1) はじめに

山村に居住する林家にとって農林複合経営が確立しているかどうかが経営の持続性に大きな影響を与えているが、茶の生産が盛んで比較的農林複合経営の基盤が安定している静岡県では、自家労働で素材生産を行なう自伐林家が比較的多く、かつ彼らのグループ活動が1990年代後半以降盛んになってきていることが注目される。

静岡県の自伐林家グループの動向を扱った先行研究では、小型機械化による生産性の向上や世代継承など経営の持続性という二つの視点から経営実態を明らかにしたものが代表的なものであるが[28]、地域森林の社会的管理（社会性）という第三の視点からの研究は、一部のグループが森林認証の取得に取り組んでいることを紹介したものがあるにすぎない[29]。

そこで本節では、静岡県における自伐林家グループの活動を社会性を含めた三つの視点から総合的に評価してみたい。研究の対象とするのは、静岡県の林家グループ六つ（天竜フォレスターズ21、H_2O林業グループ、ユニオンアート・フォレストリー、オペレイト梅ヶ島、静岡市林業研究会森林認証部会、文沢蒼林舎）に対して2002～2013年の間に断続的に実施した対面調査結果である[30]。

（2）自伐林家グループの設立背景と設立状況

筆者は2002年に浜松市天竜区内の自伐林家グループに対する調査を実施し、自伐林家グループは個別の林業経営の低コスト化を下支えするものとして位置づけた[31]。ここでいう「低コスト林業」とは、長伐期・利用間伐主体型の経営に転換し、高密路網化と小型車両系機械の導入を図り、自家労力を活用することにより林家所得（利潤＋自家労賃収入）を確保しようというものであり、林業賃金単価が相対的に高い静岡県においてはその効果がとくに高いとして推進されており[32]、それを支える機械の導入支援策として、1997年以降長期にわたって継続されている県単独補助事業（中山間地域林業整備事業）や県の森林環境税事業（森の力再生事業）などが活用されている。

図2-3は現在の静岡県内の自伐林家グループの分布図である。特徴をまとめると次のとおりである[33]。

①1990年代後半から2000年代前半にかけて年に1、2のグループの割合で集中的に設立され、浜松市天竜区と静岡市、川根本町に集中している。

②構成は5～10人で、天竜フォレスターズ21やH_2O林業グループなどのように会員の大半が自伐林家であるグループがある一方で、自営専業林家や素材生産業を営む林家、森林組合といった核となる会員のもとに地域の林家が集まる形態のグループもある。

③事業対象団地（会員所有林合計）は200～300ha前後で、1人当たりでは10ha前後から10

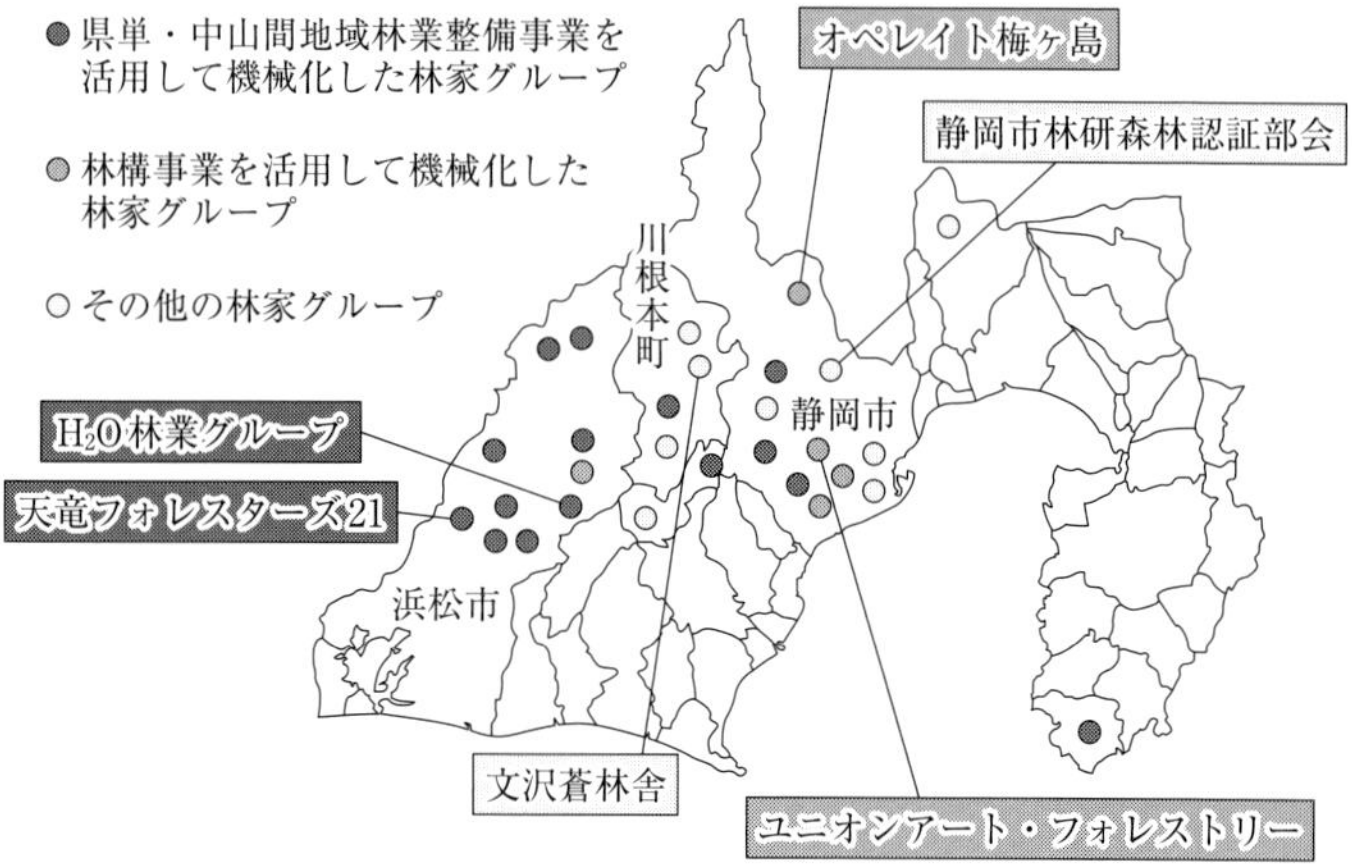

図2-3　静岡県における自伐林家グループの分布（2013年）

資料：Katsuhisa Kohroki and Akie Kawasaki (2013) Can self-employed forestry households be leaders?: A case study of forestry household groups in Shizuoka prefecture. Proceeding IUFRO 3.08 & 6.08 Joint Conference in Fukuoka.

０～２００ha層が主体である。

④戦後拡大造林を担ってきた昭和一桁世代の次の世代である40代の会員が多く、林家の持続性（次世代への経営継承）の面からも評価される。

⑤大半は林業機械の共同利用を目的に設立され、当初は自走式搬器の導入が主体だったが、現在では林内作業車や小型スウィングヤーダ、グラップル、小型バックホー等の小型車両系機械が中心である。なお、２０００年代後半以降に設立された静岡市、川根本町の３グループは森林認証や森林経営計画の共同化に取り組んでおり、これまでのグループとは明らかに性格を異にする。

⑥２００２年度までに設立された林家グ

ループ15団体についてみると、自己負担は事業費の20～30％、平均５０７万円で、会員１人当たりでは平均87万円となる。機械の共同利用のメリットは、機械の遊休化防止、低材価の下で益々要請される経営リスク分散、大規模投資抑制に対応できることにあり、その意味でも林家が小型機械化を図りやすい現実的な金額水準といえる。

(3) 機械共同利用のための自伐林家グループの総合評価

２００７年に機械共同利用のために設立された四つの自伐林家グループの代表者を対象に聞き取り調査を行なった。各グループの詳細は表2-7に示すとおりである。これらのグループ活動を生産性、経営の持続性、社会性（地域森林の社会的管理）という三つの視点から総合的に評価すると以下のとおりである[34]。

①生産性について：１９９０年代以降、立木販売、生産委託から自伐化しており、小型車両系機械または自走式搬器やグラップルによる１人・家族作業を行なっている（オペレイト梅ヶ島は家族労働１人と雇用労働２人）。先述のように県単事業により林家にとって現実的な機械化投資水準が実現されるとともに、自伐化による自家労賃部分も所得として確保している。短伐期林業から長伐期・間伐主体の経営へ移行しているのが特徴である。共同経営・共同作業を志向しておらず、個別経営の下支えとして機械共同利用に取り組んでいるといえる。

②経営の持続性について：40～50代の会員が多く、世代交代が実現している。木材と茶の農林複

表2-7　機械共同利用のための自伐林家グループ

市町村名		静岡市葵区		浜松市天竜区	浜松市天竜区
組織名		ユニオンアート・フォレストリー	オペレイト梅ヶ島	H_2O林業グループ	天竜フォレスターズ21
設立年		1993年	1992年	1999年度	1998年
母体		ある林家グループのうち仲のよい5人	わさび共同経営のための協業体	林研会員のうち専業林家	林研会員のうち熊・上阿多古地区在住の会員
設立経緯		林構事業	林構事業	県単事業	県単事業
保有機械（台数）		0.15m^3バックホー（1）、0.25m^3バックホー（1）、0.25m^3ウインチ付きグラップル（2）、3.3tフォワーダ（1）、自走搬器（2）	0.25m^3グラップルグラップル（1）、0.45m^3グラップル（1）、乗用モノレール、7tクレーン付きトラック（1）	0.25m^3ウインチ付きバックホー（1）、0.16m^3グラップル・ウインチ付きバックホー（2）、2t林内作業車（1）	0.09m^3バックホー（1）、1.2tバックホー（1）、ウインチ・クレーン付き1m^3林内作業車（5）、ウインチ付き1.5m^3林内作業車（5）、小型自走式搬器（3）
会員の概要	構成員数	5人	5人	5人	10人
	年齢	45～70歳	39～75歳	48～56歳	46～70歳
	職業等	自伐農林家4人（木材、茶、シイタケ）、山番1人	素材生産業1人、農林業1人、農業（茶・わさび）1人、農業・年金2人	自伐農林家4人、兼業林家（恒常的勤務）1人	全員自営農林業（木材、シキミ、茶、シイタケ）
	山林保有	130～200ha	0ha 2人、50ha 2人、258ha 1人	50～170ha	20～77ha
グループの活動目的		機械の共同利用 作業路開設 共同作業なし	機械の共同利用 わさび畑の共同経営 林業の共同作業なし	機械の共同利用 作業路開設 共同作業なし	機械の共同利用 作業路開設 勉強会・視察 共同作業なし

資料：輿梠克久「静岡県・新しい林家グループ―自伐林家による活用―」佐藤宣子編著『日本型森林直接支払いに向けて―支援交付金制度の検証―』日本林業調査会、2010年、86ページ。各グループからの聞き取り調査（2007年）の結果をもとに作成。

合経営も確立され、経営基盤は比較的安定している。

③社会性（地域森林管理の社会的管理）について：機械の共同利用を目的として設立されたグループであり、目的外の活動（ほかの森林所有者からの作業請負をグループで対応したり、グループ会員の森林を共同経営・共同作業を行なうなどの活動）は４グループとも行なっていなかった。ただし、メンバー個人の活動としては一部にそのような動きが見られた。たとえば、オペレイト梅ヶ島のリーダーＳ氏は、個人所有２５８ha以外に地域住民の山林（計２５０ha）の管理作業を受託し、巡回や施業提案をサービスで行なっている。45歳（２０１３年時点）のＳ氏は地域の森林所有界を熟知している。また、静岡市の２グループのリーダーは静岡市林業研究会森林認証部会のメンバーでもあり、出身集落の異なる部会メンバー６人の活動として「一般社団法人 緑の循環認証会議」による森林認証（ＳＧＥＣ）を共同で取得した。

（４）地域森林の社会的管理のために設立された自伐林家グループ――文沢蒼林舎

以上のように、機械の共同利用を目的とした自伐林家グループは、社会性に関わるグループ自体の活動はなく、個人としての活動にはそのような動きが見られた。ところが、最近新たに設立されている林家グループのなかには社会性の活動を目的として設立されたものも出てきた。それが文沢蒼林舎である。次に、この文沢蒼林舎の設立経緯を詳しくみよう[35]。

文沢蒼林舎は川根本町の文沢地区（６戸）の地域森林を管理するために２０１２年に設立された組

表2-8　文沢蒼林舎と関連する自伐林家グループ

名称	設立年	構成員	活動内容	グループの性格
ウッドクラフト中川根	1996	自伐林家7人	・県の補助金を活用して林業機械を共同購入・利用 ・現在は文沢蒼林舎が使用 ・森林経営計画作成や森林作業の共同化はない	共同で機械購入・利用
F-net大井川	2008	自伐林家9人＋町有林	・ウッドクラフトと林研会員からなる ・FSC森林認証を取得するために結成 ・森林経営計画作成や森林作業の共同化はない	共同で森林認証取得
文沢蒼林舎	2012	自伐林家3人＋県行造林(分沢地区共有林)	・リーダーは元町長、森林組合副組合長ウッドクラフト、F-netの会員 ・3人ともF-net会員 ・文沢地区6人の地域森林を当地区内の自伐林家3人が共同作業して管理、森林経営計画も共同で作成 ・他の地区の森林作業請負は検討中	共同で森林経営計画 共同で森林作業
明林会	2012	自伐林家1人＋高齢の森林所有者4人	・リーダーはF-net会員で森林組合長 ・現在はリーダーS家山林の作業、森林組合下請が主 ・今後は会員の山林作業の請負、経営計画作成に着手予定	共同で森林経営計画（予定） 林業請負事業体

資料：聞き取り調査（2013年7月）より作成。

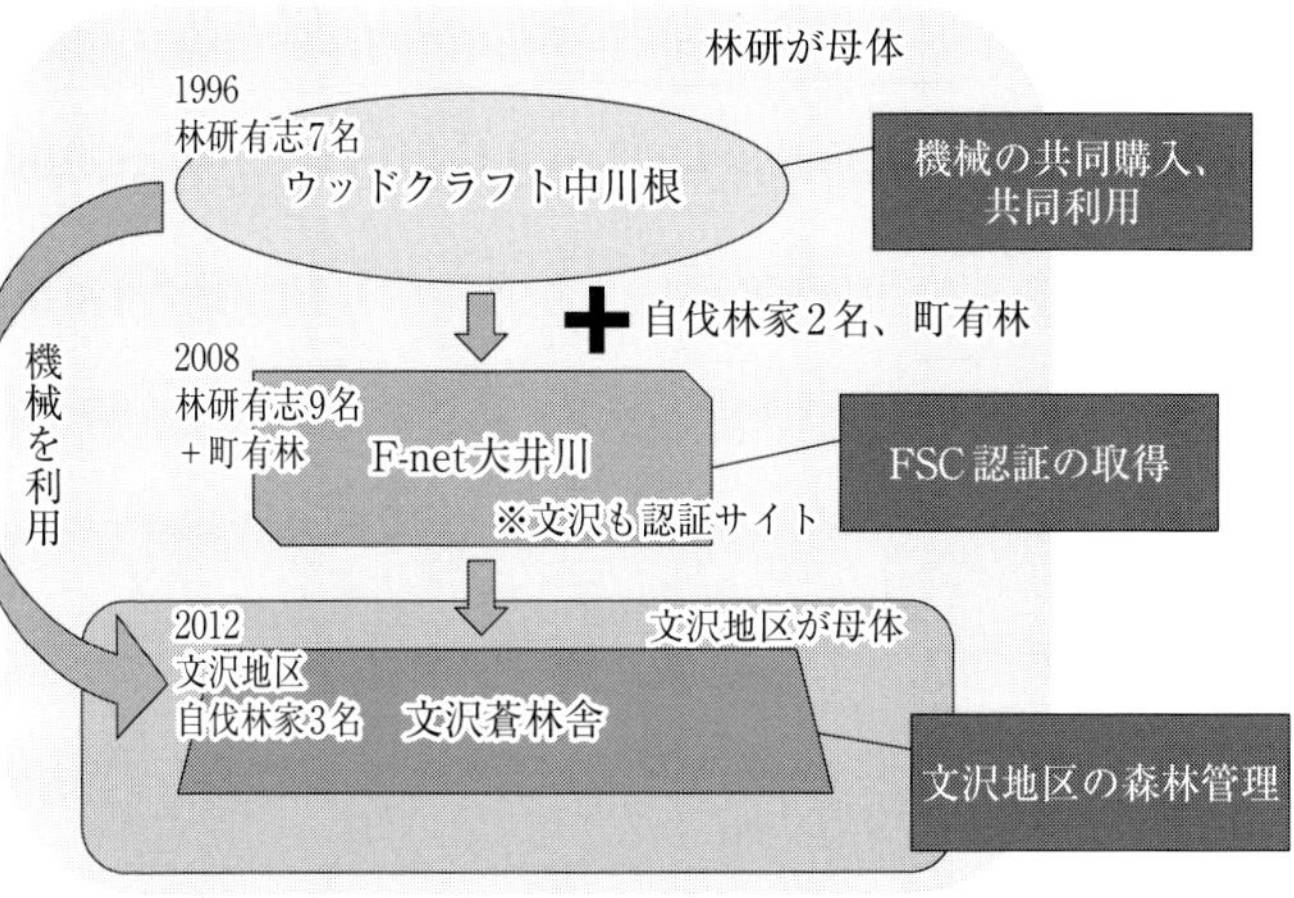

図2-4　文沢蒼林舎の成り立ち

資料：興梠克久・椙本杏子「自伐林家グループによる地域森林管理―静岡県を事例に―」第125回日本森林学会大会報告、2014年。

織で、地区内に居住する６戸のうちの中規模自伐林家３戸（40代１人、50代２人）からなる。３人の所有林面積は１７０ha、67ha、28haである。６戸の所有森林と文沢地区共有林（現在は分収造林地として県に貸し出し）の合計約４００haについて、３人の共同作業によって管理している。２０１２年には森林経営計画の認定も受けた。文沢蒼林舎は単独で存在するのではなく、関連するさまざまな自伐林家グループや行政、森林組合と深い関係をもっていることが特徴である（表2-8および図2-4）。

リーダーS氏は１９９６年に機械共同購入のための自伐林家グループとしてウッドクラフト中川根を設立したが、同氏が町長に当選したことでウッドクラフトの活動はしばらく下火になった。２００８年より川根本町として森林管理協議会によるＦＳＣ認証に取り組み始め、認証の受け皿としてＦ－ｎｅｔ大井川を同年に設立した。これも自伐林家グループであり、メンバーの多くはウッドクラフト会員と重なる。町有林も参加している。それによって認証費用の個人負担分が軽減されている。その後、Ｆ－ｎｅｔの主要メンバーのＳ氏とＹ氏は２０１２年にそれぞれ別の自伐林家グループを立ち上げる。

その一つが文沢蒼林舎であり、もう一つが森林組合長でもあるＹ氏が立ち上げた明林会である。この二つのグループは県内のほかの自伐林家グループと違って、グループが本拠地を置く集落の範域にある地域森林の管理を一手に引き受けるために設立されたものであり、とくに文沢蒼林舎は３人のメンバーによる共同作業を行なっている。なお、明林会は、Ｙ氏とＹ氏が雇用する３人が作業を担当し、集落内の森林所有者との森林経営計画の共同作成は今後取り組む予定である。

文沢蒼林舎は、ウッドクラフトの機械（グラップルやクレーン付きトラックなど）や個人所有の集材機を使用し、間伐材を中心に年間約４００㎥の素材を生産している。生産性は３㎥／人日と突出して高いわけではない。ほかの自伐林家グループと同様、自伐化によって低コスト化をめざした経営といえる。しかし、ほかのグループと大きく違うのは、林業機械利用の共同化だけでなく、森林経営計画と森林作業の共同化に取り組んでいることであり、かつ集落範域内の森林管理を行政と協力しながら一手に引き受けていることである。ほかのグループがあくまでも個別経営を支える存在であったのに対し、文沢蒼林舎がめざしているのは生産組織化であり、地域森林の社会的管理であるところが注目される。

（5）おわりに

１９９０年代後半以降に相次いで設立された機械共同利用目的の自伐林家グループや文沢蒼林舎のようなこれまでとは性格の異なる新たなグループの設立経緯を詳しく分析すると、自伐林家グループと個別経営の関係性について次のような知見が新たに得られた[36]。

すなわち、まず、それぞれの集落内で個別経営を行なっていた自伐林家の一部が、集落外で機械の共同購入・利用や共同請負事業、森林認証の取得を目的とした機能集団を形成していった。しかし、その機能集団が地域森林管理を担う主体になるのではなく、機能集団の活動を経た自伐林家が、今度は各集落で再度、地域森林管理を担う

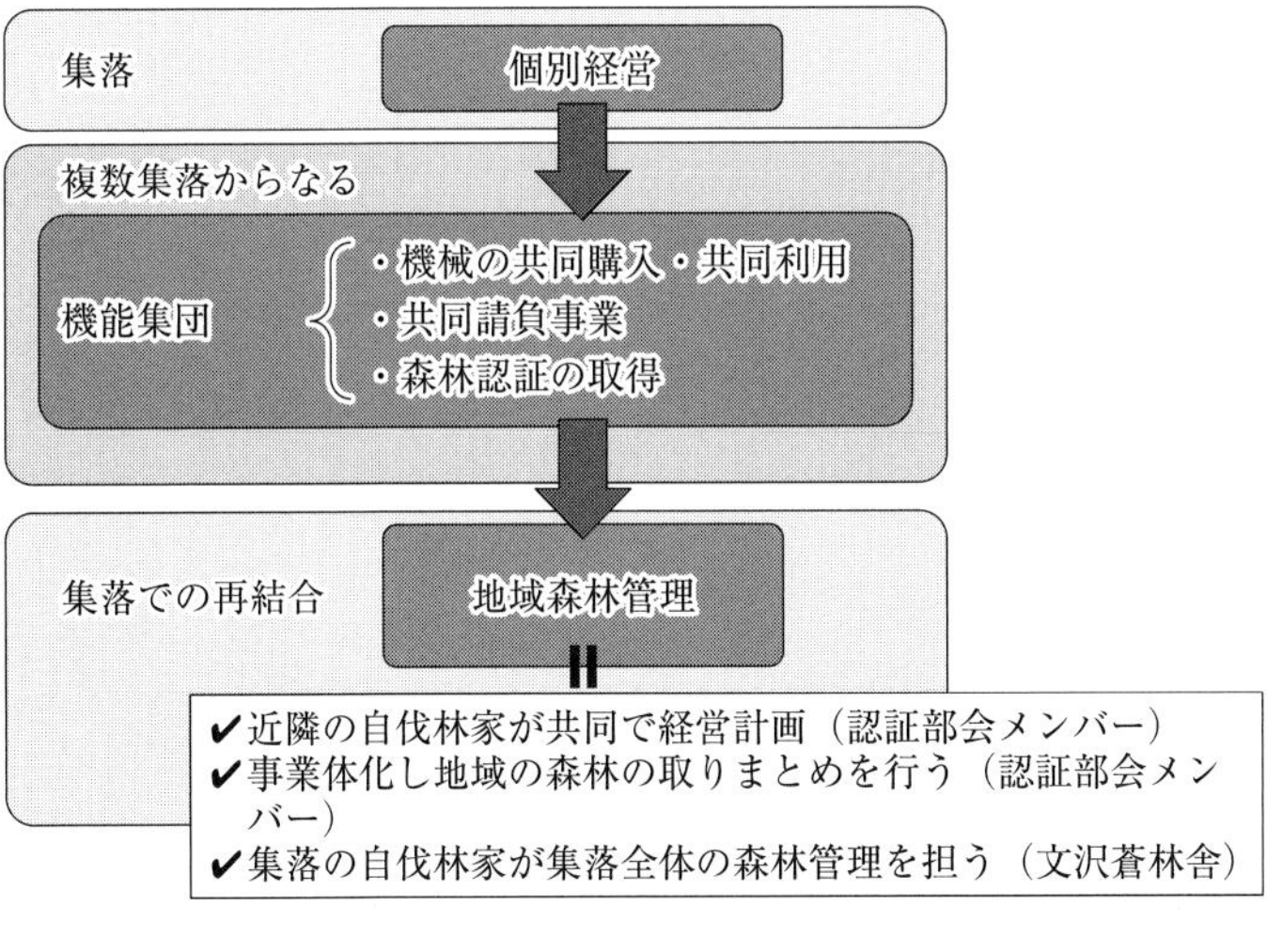

図2-5　自伐林家による地域森林管理への道程

資料：興梠克久・梠本杏子「自伐林家グループによる地域森林管理―静岡県を事例に―」第125回日本森林学会大会報告、2014年。

ためのグループ活動を新たに展開し、集落内の林家全体が再結合するようになる（図2-5）。

この地域森林管理を担う再結合の典型として文沢蒼林舎があげられる。また、文沢蒼林舎は集落の自伐林家が共同作業・共同経営により集落全体の森林管理を担うケースであるが、静岡市林業研究会森林認証部会のメンバーのなかにも別のパターンの再結合（集落の範域の森林の大半を所有する自伐林家２人が共同で経営計画を作成するケース、中規模自伐林家が林業請負事業体化し地域の森林を取りまとめ管理を行なうケース）が見られた[37]。

生産性の向上や森林認証材の供給など販売力強化による収益確保といった課題が残っているが、このような形態の自伐林家グループこそが日本林業の担い手の一つとして国政上位置づけられるべきであろう。

6　森林所有者の「責務」と「楽しみ」——高千穂森の会

(1) 高千穂森の会の概要

高千穂森の会は、宮崎県高千穂町を活動フィールドとして２００４年に設立された森林ボランティア団体である。われわれがよく耳にする森林ボランティアとは一般市民が中心となって組織された団体であることが多いが、この高千穂森の会はそれらとは異なり、森林ボランティアを受け入れ

表２−９　高千穂森の会の活動内容（2011年度）

項目	活動内容	
(1)	クマガイソウ自生地の特別公開・その案内	
(2)	キレンゲショウマの特別公開・その案内	
(3)	森林文化セミナーの開催（年間15回程度）	
	春	・水源の森植樹・森林散策・山菜を食べよう・山野草観察 ・クマガイソウ特別公開（4月下旬～５月上旬）
	夏	・キレンゲショウマの特別公開案内 ・森林散策・草木染め体験
	秋	・森林散策・押し葉体験
	冬	・森林散策・森づくり体験
(4)	林業体験並びに森林河川環境学習の実施とその場所の提供（年間約5回）	

資料：高千穂森の会総会資料より作成。

写真２−１　興梠夫妻（高千穂森の会代表）と林内作業車

資料：2012年撮影（撮影者：興梠克久）。

る森林所有者（活動フィールドとしての森林を提供する森林所有者）の団体である。高千穂町内の自伐林家・興梠家と親戚関係にある地区内の林家の10人で設立され（現在は正会員11人、準会員３人）、興梠家山林をおもな活動フィールドとし、下流の延岡市にある環境保全団体、延岡アースデイ実行委員会（１９９４年設立、会員約１７００人）と提携しながら森林保全活動を行なっている。表2-9は高千穂森の会の年間活動を示している。所有林内での森林散策（案内）と森林整備事業がおもな活動内容となっている。

興梠家は、もともと21haを所有するシイタケと林業の複合経営を営む専業自伐林家で、１９８０年代の最盛期には乾シイタケ４５０kg、木材１３０m^3を生産していた。木材生産はウインチ付き林内作業車と高密路網（当時２４０m／ha）によって家族労力中心で行なっていた。その後、１９９３年以降は雇われ兼業に出るようになり、現在は年金と間伐材収入が主な収入源である。間伐材の伐出作業は、高齢化のため、現在では近隣の林業一人親方に請け負わせているが、ほかの山林作業は家族労力で行なっている。

（2）専業農林家から森林ボランティア活動を行なう兼業農林家へ

興梠家が専業自伐林家から上記のような森林ボランティア活動も行なう兼業自伐林家に変化していったのには二つの背景があった。

一つは、１９９０年に宮崎県フォレスト・インストラクターの認定を受けたことである。これは

写真2-2　高千穂森の会の植林イベントの様子

資料：2006年撮影（撮影者：興梠克久）。

国の森林インストラクター制度（１９９１年）に先立って県北部の５町村をモデル圏域として取り組まれていた県域独自のインストラクター養成制度である。インストラクターとして認定されてからは自家山林を開放して森の案内人として森林の魅力や山野草、貴重動植物の保全を都市住民や子どもたちに伝える活動を始めた。

また、その延長線上の活動として、下流都市住民のボランティア活動を受け入れ（フィールドの提供と技術指導など）、市民団体と提携した森林整備活動を行なっている。そこでは、スギやヒノキの間伐作業だけでなく、広葉樹林の造成にも取り組んでいる。最近では、ＴＯＴＯなどの企業助成金や県の森林環境税、国土緑化推進機構の助成金などの民間・公的助成事業に応募し、助成を受けている。

高千穂森の会の収入源としては、興梠家山林内の携帯電話用アンテナの地代を基礎活動資金に充て、森林整備活動にかかる費用（主として苗木代、用具代）はこれらの助成金でまかなう場合が多い。

（３）再造林放棄地の購入と自然林の再生

もう一つの背景としてあげられるのが、１９９０年代以降、興梠家のある集落において大規模な再造林放棄地が発生したことである。集落内では所有規模が比較的大きな森林所有者がやむを得ない事情で１９９０年代からスギ人工林資源を処分していた。伐採された跡地は再造林もなされず放置されるようになり、これらの放棄地が集落の水源地域に位置していたため、水害・土砂災害が懸念された。そこで、興梠家がその森林所有者から伐採跡地を購入し、早期に自然林（水源林）を再生するため、森林ボランティア団体と共同で広葉樹を植栽するようになった。伐採跡地は比較的大きなサイズ（数ha）なので、植林作業も大がかりで、多いときには植林イベントに１００人を超える森林ボランティアが来ることもあった。

興梠家はもともと21ha（おもに人工林）の森林を所有していたのであるが、１９９０年以降、これらに加えて、家計をやりくりしながら再造林放棄地を少しずつ購入し、現在では合計57haまで所有規模が拡大している。

（４）森林所有者の「責務」と「楽しみ」

以上のように、二つの背景があって、興梠家はシイタケと木材の複合経営を営む専業農林家からスギ・ヒノキ人工林の間伐とボランティア団体との提携による森林整備（広葉樹林造成）を行なう兼業農林家と変わり、興梠家が中心となって設立した高千穂森の会も二つの活動方向を掲げている。
すなわち、第一の活動方向は、従来から所有しているスギ・ヒノキ人工林を水源の森にふさわし

写真２-３　高千穂森の会の活動方向①
—「生態的複層林」をめざすスギ壮齢林—

資料：2010年撮影（撮影者：興梠克久）。

写真２-４　高千穂森の会の活動方向②
—再造林放棄地を自然林に戻す—

資料：2006年撮影（撮影者：興梠克久）。

写真2-5　貴重動植物の保護の一例（自生クマガイソウの保護）

資料：2006年撮影（撮影者：興梠克久）。

いものへ誘導することである。具体的には、長伐期化して、当面は間伐を繰り返し行なう作業を続け、下層植生豊かな高齢人工林＝「生態的複層林」[38]に誘導することである。実際の作業の担い手は、興梠家の自家労力、林業一人親方への委託（大径木の伐出）、間伐を行なえるセミプロ的森林ボランティア（中小径木の伐出）である。

　第二の活動方向は、荒廃地（再造林が放棄された人工林伐採跡地）を早期に自然に戻すため、森林ボランティア団体と提携して、広葉樹林を造成し、水土保全、生態系多様性および保健休養的価値が確保された自然林に仕立てることである。実際の作業の担い手は、興梠家の自家労力、森林ボランティア（植林、下刈り等）である。

昭和期の興梠家は専業農林家で、土地生産性の追求（拡大造林）、労働生産性の追求（小型機械による自伐）とともにシイタケと木材の複合経営により経営の持続性を確保してきた。言葉を換えれば、保有山林に対しては経済的価値しか見えていなかったともいえる。一方、平成期の興梠家は兼業農林家で、交流（多くの人びととの共同）というかたちをとりながら自分たちも楽しみながら森林の公益的機能を高める活動にシフトし、その結果、生態系、保健休養的な価値も見えてきた。交流を契機に保有山林の経営は新たなステージに移ったといってよく、もはやたんなる私的財産管理ではなく、森林の社会的管理を担っているといってもよいのではないか。

２００１年に制定された森林・林業基本計画では、森林所有者に対して、所有森林を適切に管理することは所有者としての「責務」であると明言している。しかしそれだけでは森林所有者の心はつかめないだろう。それは「責務」であると同時に、所有者としての「楽しみ」でもあること、つまり、森林所有者が受動的、消極的に市民の森林ボランティア活動を受け入れるのではなく、自分たちも楽しみながら市民と協働して森林整備を行なっているという意識がもてるかどうか、そして、森林所有者がこの「楽しみ」にどう気づくかが重要なのである。興梠家の事例ではフォレスト・インストラクターに認定されたことと集落内に再造林放棄地が発生したことがきっかけとなって、この「楽しみ」に気づけたのである。

注および引用・参考文献

（1）佐藤・興梠は、１９７０年代～80年代前半に農林複合経営論が展開した後、１９８０年代後半～90年代前半に自伐経営を行なう中小林家が登場したことによって担い手論が「再燃」したとする。本章のタイトルを「再々燃」としたのは、その次の時期、すなわち２０００年代以降、再び自伐林業に関する議論が活発になっているからである。佐藤宣子・興梠克久「林家経営論」林業経済学会編『林業経済研究の論点――50年の歩みから』日本林業調査会、２００６年、２２３～２５４ページ。

（2）和田照男「複合経営の論理および成立条件と農林複合経営」『林政総研レポート』12号、１９８０年、5～6ページ。

（3）同前、15ページ。

（4）同前、16ページ。

（5）興梠克久「『担い手』林家に関する一考察――宮崎県諸塚村を事例に」『林業経済』49巻7号、１９９６年、２～２１ページ。

（6）野口俊邦「中小林家の現局面と中小林家論の課題」『林業経済研究』１１４号、１９８８年、81～86ページ。

（7）舟山良雄「農林複合経営の機能別位置づけと展開過程」『林政総研レポート』12号、１９８０年、34～36ページ。

（8）坂本慶一「兼業農家の役割と日本農業の方向」『農業経済研究』54巻2号、１９８２年、73ページ。

（9）荷見武敬『改訂増補・協同組合地域社会への道』家の光協会、１９８８年、57～58ページ。

（10）（8）74～79ページ。

(11) 同前。
(12) 詳しくは、興梠克久「農民層分解論に関する一考察」『林業経済』第54巻第６号、２００１年、９〜29ページ。
(13) 大内力『日本における農民層の分解』東京大学出版会、１９６９年、大内力『日本農業論』岩波書店、１９７８年。
(14) 綿谷赳夫『綿谷赳夫著作集①〜②』農林統計協会、１９７９年、伊藤喜雄『現代日本農民分解の研究』御茶の水書房、１９７３年、梶井功『小企業農の存立条件』東京大学出版会、１９７３年。
(15) 山田盛太郎「日本農業における再生産構造の基礎的分析」、保志恂「農業解体の深化と農業の再構成」、いずれも梶井功編『農民層分解論Ⅱ』農山漁村文化協会、１９８５年所収。
(16) 暉峻衆三「国家独占資本主義のもとでの農民層分解」井野隆一・暉峻衆三・重富健一編著『国家独占資本主義と農業（下巻）』大月書店、１９７１年。
(17) 磯辺俊彦「土地所有転換の課題」『農業経済研究』第52巻第２号、１９８０年、磯辺俊彦「現代社会の危機と家族制農業経営」磯辺俊彦編著『危機における家族農業経営』日本経済評論社、１９９３年、田代洋一「日本農業変革の課題と政策」久野重明・暉峻衆三・東井正美編著『現代日本の農業問題』ミネルヴァ書房、１９８２年、太田原高昭『地域農業と農協』日本経済評論社、１９８２年。
(18) 太田原前掲書、33ページ。
(19) 中村哲『近代世界史像の再構成』青木書店、１９９１年。
(20) 興梠克久「家族経営的林業の存在形態と展望」深尾清造編著『流域林業の到達点と展開方向』九州大学出版会、１９９９年、８ページ。

（21）佐藤宣子・興梠克久「林家経営論の研究動向」林業経済学会編『林業経済研究の論点――50年の歩みから』日本林業調査会、2006年、233ページ。
（22）興梠克久「林家経済の分析――『1990年世界農林業センサス』の分析」『林業経済研究』第125号、1994年、54〜59ページ。
（23）岡森昭則「林業労働力の存在形態と組織化に関する研究」『九州大学農学部演習林報告』第62号、1990年、1〜99ページ。
（24）（5）に同じ。
（25）2000年代以降の家族林業経営体の動向を林業センサスのデータを用いて分析したものとして、興梠克久編著『日本林業の構造変化と林業経営体――2010年林業センサス分析』農林統計協会、2013年。
（26）（1）に同じ。
（27）堺正紘「長期伐採権制度を考える」『九州森林研究』第55号、2002年、8ページ。
（28）興梠克久「自伐林家の展開局面と組織化の意義――静岡県北遠地域を事例に」『林業経済』第56巻第11号、2004年、1〜16ページ。
（29）興梠克久「静岡県・新しい林家グループ――自伐林家による活用」佐藤宣子編著『日本型森林直接支払いに向けて――支援交付金制度の検証』日本林業調査会、2010年、75〜94ページ。
（30）第5節は、（28）および（29）に掲げた研究をベースに、2013年に行なった川﨑章恵、椙本杏子との共同研究（科研費・基盤研究B、研究代表：佐藤宣子、課題名：東アジアにおける木材自給率向上政策の展開と山村への社会経済的影響、課題番号：25292090、平成25〜28年度）の成果の一部を加味してとりまとめたものである。

（31）（28）に同じ。

（32）静岡県「21世紀の林業の可能性を求めて（平成11年度地域材安定供給ネットワーク・モデル事業報告書）」２０００年。

（33）（29）に同じ。

（34）同前。

（35）Katsuhisa Kohroki and Akie Kawasaki (2013) Can self-employed forestry households be leaders?: A case study of forestry household groups in Shizuoka prefecture. Proceeding IUFRO 3.08 & 6.08 Joint Conference in Fukuoka.

（36）興梠克久・椙本杏子「自伐林家グループによる地域森林管理——静岡県を事例に」第１２５回日本森林学会大会報告、２０１４年。

（37）同前。

（38）藤森隆郎『複層林の生態と取扱い』林業科学技術振興所、１９８９年。

第3章　自伐林家による林地残材の資源化

――「土佐の森」方式・「木の駅プロジェクト」を事例に

大内　環・興梠克久

1　研究の目的と方法[1]

2003年にNPO法人化した土佐の森・救援隊（以下「土佐の森」）は、自伐林家や森林ボランティアによる森林整備、木材生産を進めるとともに、活動拠点である高知県内だけでなく全国各地で研修や自伐林家養成塾を開催し、こうした活動を全国に普及させている。「土佐の森」の活動が本格化したのは、2005年に高知県仁淀《によど》川流域においてNEDO（独立行政法人新エネルギー産業総合開発機構）の実験事業の一環として林地残材の収集運搬に取り組んでからである。この実験事業では巨大な木質バイオマスプラント（発電・木質ペレット生産）への林地残材の出荷を行なっていたが、この方式を巨大プラントがなくても全国どこでも適用できるかたちにマニュアル化されたものが「木の駅プロジェクト」と呼ばれているものである。「土佐の森」方式・「木の駅プロジェクト」を導入あるいは導入検討中の地域は２０１２年度時点で全国で56か所あるといわれている(2)。

先行研究から、中小規模林家の分析の今日的課題として、自伐林家が全国的に展開する可能性と条件を明らかにすること、自伐林家の持続性と地域社会における役割について明らかにすることが指摘されている(3)。林地残材（未利用間伐材）については、バイオマス資源として潜在的利用可能性があるものの、収集運搬にコストがかかり、利用が進まないことが指摘されている(4)。また、これまで「土佐の森」の活動自体の分析、報告はなされているが(5)、「土佐の森」方式の普及先の現状と問題点を示した研究は皆無に近い。

これらのことから、本章では、「土佐の森」方式・「木の駅プロジェクト」を導入した地域における現状と課題について、①林地残材の有効活用、②自伐林家の育成、③地域活性化への寄与の三つの視点から論じたい。そのため、「土佐の森」方式・「木の駅プロジェクト」を導入または導入検討中の地域56か所のうち、２０１２年度時点ですでに活動を実施している17か所を対象としたアンケート調査を２０１２年11月〜12月に実施した。また、特徴的な事例３地域を対象とした聞き取り調査も合わせて実施した（２０１２年８月、10月）。アンケートは配布17件、回収10件、有効回答９、回収率59％である。

2　「土佐の森」方式・「木の駅プロジェクト」の仕組み

「土佐の森」が考案した林地残材の資源化の方法の特徴として、①大型林業機械を使わず、軽トラック・チェーンソー、軽架線（安価な集材用機械）などを用いた小規模な担い手を想定していること、②副業型自伐林家や専業型自伐林家へのステップアップの手法として、林地残材の収集運搬という比較的誰もが取り組みやすい方法を採用していること、③出荷者に対価の一部として地域通貨を支払い、地域経済の活性化に貢献すること、の３点があげられる。

①の軽架線は、「土佐の森方式　軽架線キット」として、高知県の林業機械販売店で20万円程度で販売されている。ワイヤーや滑車など軽架線の基本形が一式揃っており、このセットにウインチを組み合わせれば搬出作業ができる。「土佐の森」では小型林内作業車のウインチを用いている[6]。林地残材の収集運搬から始め、それだけでなく建築用材の搬出も行ないたい者に対して、低投資で参入しやすくするために「土佐の森」が開発したものである。このように、軽架線や軽トラック、チェーンソー等安価で手に入れやすい道具を用いることによって、林業技術のなかった山林所有者や地元住民、森林ボランティア参加者、林業に興味のある都市住民等が副業型自伐林家に、さらに意欲のある者は専業型の自伐林家にステップアップできるとしている[7]。

②について補足すると、「土佐の森」方式は、林地残材の収集運搬という誰もが参入しやすい方法

写真3−1　軽架線

注：筆者撮影（2013年、高知）。

から始め、徐々に副業、専業の林家へとステップアップするための仕組みとして機能しようとしている。実際に高知県仁淀川流域においては、山林所有者や林業指向者、森林ボランティアメンバーが約８００人おり、そのなかから林地残材の出荷者にステップアップした者が１５０人、さらに副業型自伐林家にステップアップした者が50人、専業型自伐林家にステップアップした者が20人現れるという結果を出した（図3−1）[8]。

また、仁淀川流域においては山村の実家に戻ってきた若者や、所有山林で「年金＋α」の収入を得たい定年退職者等、ＵＩターン者が増え始め、仁淀川流域の山村では「土佐の

写真３-２　林内作業車

注：筆者撮影（2013年、高知）。

森」方式を導入してから10人以上が戻ってきている。[9]「土佐の森」方式は、こうした山村へのＵＩターン者を増やし、地域雇用の増加および林業の活性化に貢献することも狙いとしている。

③について、「土佐の森」では林地残材の収集運搬という森林環境保全活動に対する支払（お礼）という意味合いの「環境支払」という名目で地域通貨「モリ券」を発行している。ＮＥＤＯの実験事業での林地残材買い取り価格は１ｔ当たり３０００円であったが、さらに３０００円（のち２０００円）を「環境支払」として上乗せし、出荷者には対価として１ｔ当たり３０００円とともに地域

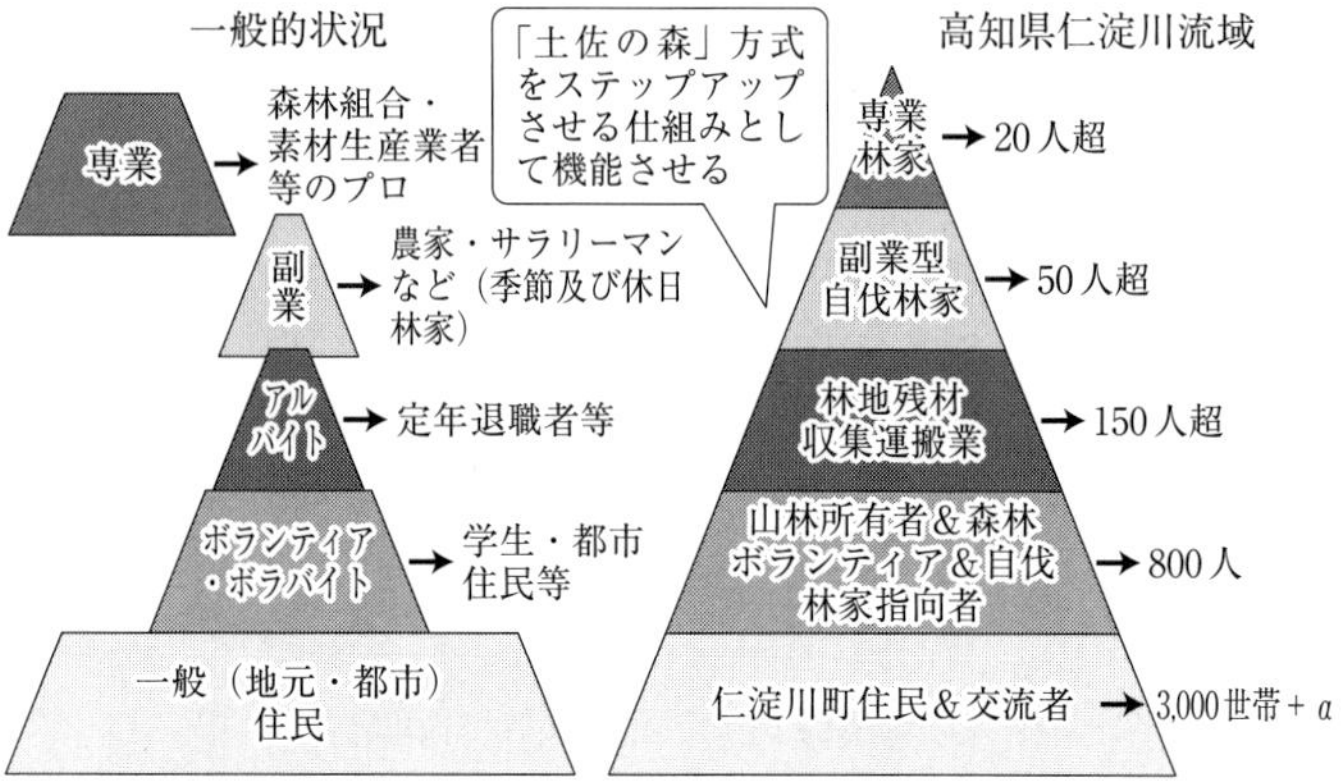

図3-1　仁淀川町における林業構造ピラミッド

資料：中嶋健造「全国に広がる『土佐の森方式』『自伐林業方式』」『季刊地域』第9号、2012年、57ページ。

通貨「モリ券」を3000円分渡している。ここで1t当たり3000円とした理由は、当時パルプ・チップ業者の買い取り価格が1t3000円をかなり上回っており、競合になれば負けてしまう可能性があったからである。財源として、初年度は「土佐の森」が負担したが、2年目からは仁淀川町が町の予算で400万円を負担し、投資された資金はすべて地元商店に帰することとしている。「モリ券」は、1枚1000円以下の商品と交換できるが、現金と一緒には使えず、おつりは出ない。地場産品交換券として発行し、地場産品を支援すると同時に地域経済浮揚を目的としている（図3-2）[10]。

先述のように、「土佐の森」は「副業型自伐林家養成塾」を開いて「土佐の森」方式の普及活動を行なっており、2012年からは出張「副業型自伐林家養成塾」にも取り組み、全国で普

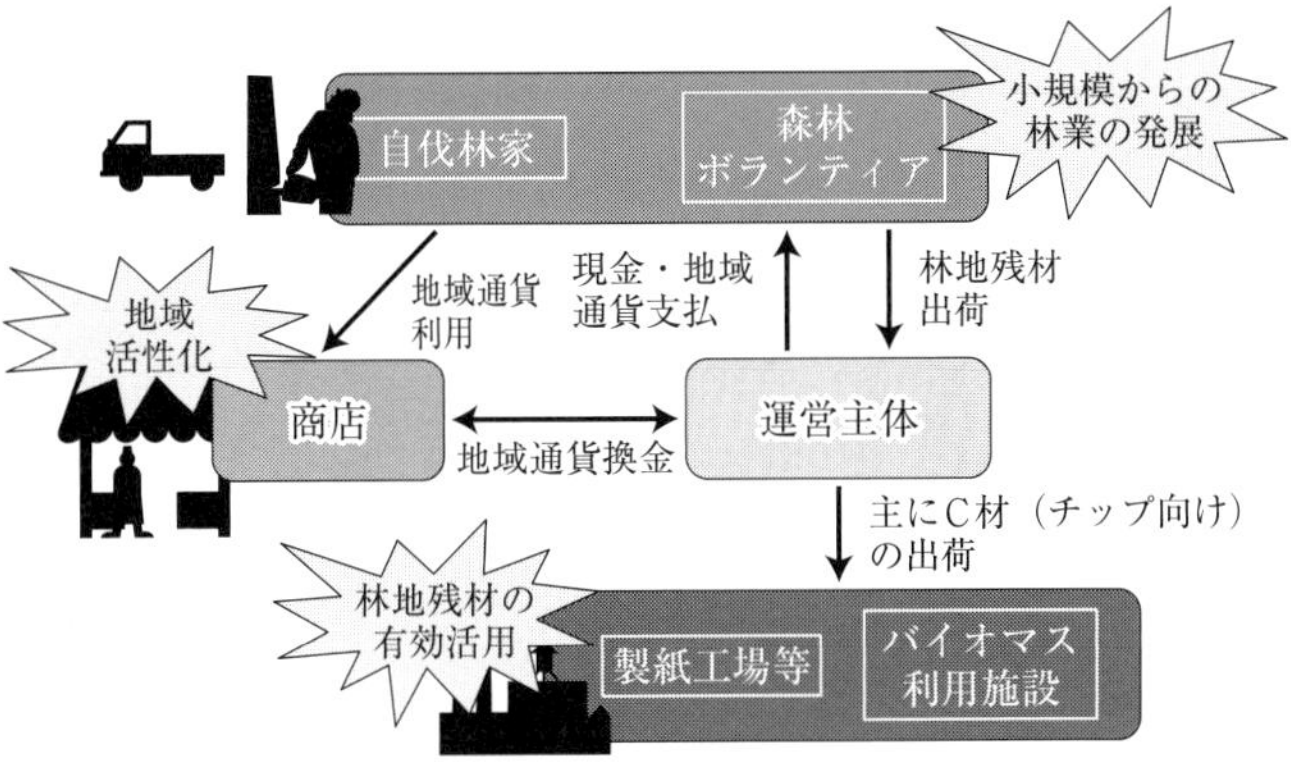

図３−２　「土佐の森」方式・「木の駅プロジェクト」のイメージ図

資料：筆者作成。

表３−１　「木の駅プロジェクト」の仕組み

①登録した出荷者は規格に沿って造材し、土場のあらかじめ決められた場所に出荷する。
②その材の一本ごとの長さと末口径を検尺し所定の伝票に結果を記入し、窓口に手渡す。
③伝票は、事務局で材積を計算し、ｔ6,000円に換算した地域通貨「モリ券」を発行する。
④出荷者は出荷数日後に窓口でモリ券を受け取ることができる。
⑤モリ券は登録商店でのみ利用できる。ただし、釣りを受け取ることと追い銭をして使うことはできない。
⑥商店は、レシートを保管しレシート分を実行委員会に請求すること、もしくはモリ券をそのままほかの店舗で利用することができる。
⑦集荷した材はチップ業者にｔ3,000円で売り払い、差額の3,000円は実行委員会が負担する。
⑧差額3,000円の原資は今後、地域内バイオマスエネルギー利用や寄付、公的負担、CO_2クレジットなどで賄え持続的に循環できる方向をめざす。

資料：中嶋健造『バイオマス材収入から始める副業的自伐林業』全国林業改良普及協会、2012年、158ページ。

及活動を行なっている。また「土佐の森」は知識習得・事例研究として「土佐の森」方式の座学を提供しており、個人的に「土佐の森」の活動に研修目的で訪れる者も多い。こうして「土佐の森」方式は全国に広まっているが、２００９年からは「土佐の森」の標準形＝「木の駅プロジェクト」も各地で実施されるようになった。高知県仁淀川流域では巨大バイオマスプラントや高価な計量器が用いられていたが、「木の駅」では必要なものをすべて安価でシンプルなものとし、計量器は用いず自己検尺に切り替えるなど、「土佐の森」方式をよりどの地域にも取り入れやすいかたちに改良している（表3−1）。

「木の駅プロジェクト」は２００９年12月に岐阜県恵那市で初めて開始され、２０１０年10月に鳥取県智頭町で、２０１１年３月に愛知県豊田市、２０１１年９月に岐阜県大垣市、２０１１年10月に高知県早明浦ダム流域で始まり、その後も全国に広まっている。

3　「土佐の森」方式・「木の駅プロジェクト」の類型区分と活動実態

（1）三つの類型

アンケート調査で回答のあった９件と聞き取り調査３件を加えた12件の事例について、活動内容をまとめたものが表3−2と表3−3である。また、各事例の位置を示したのが図3−3である。

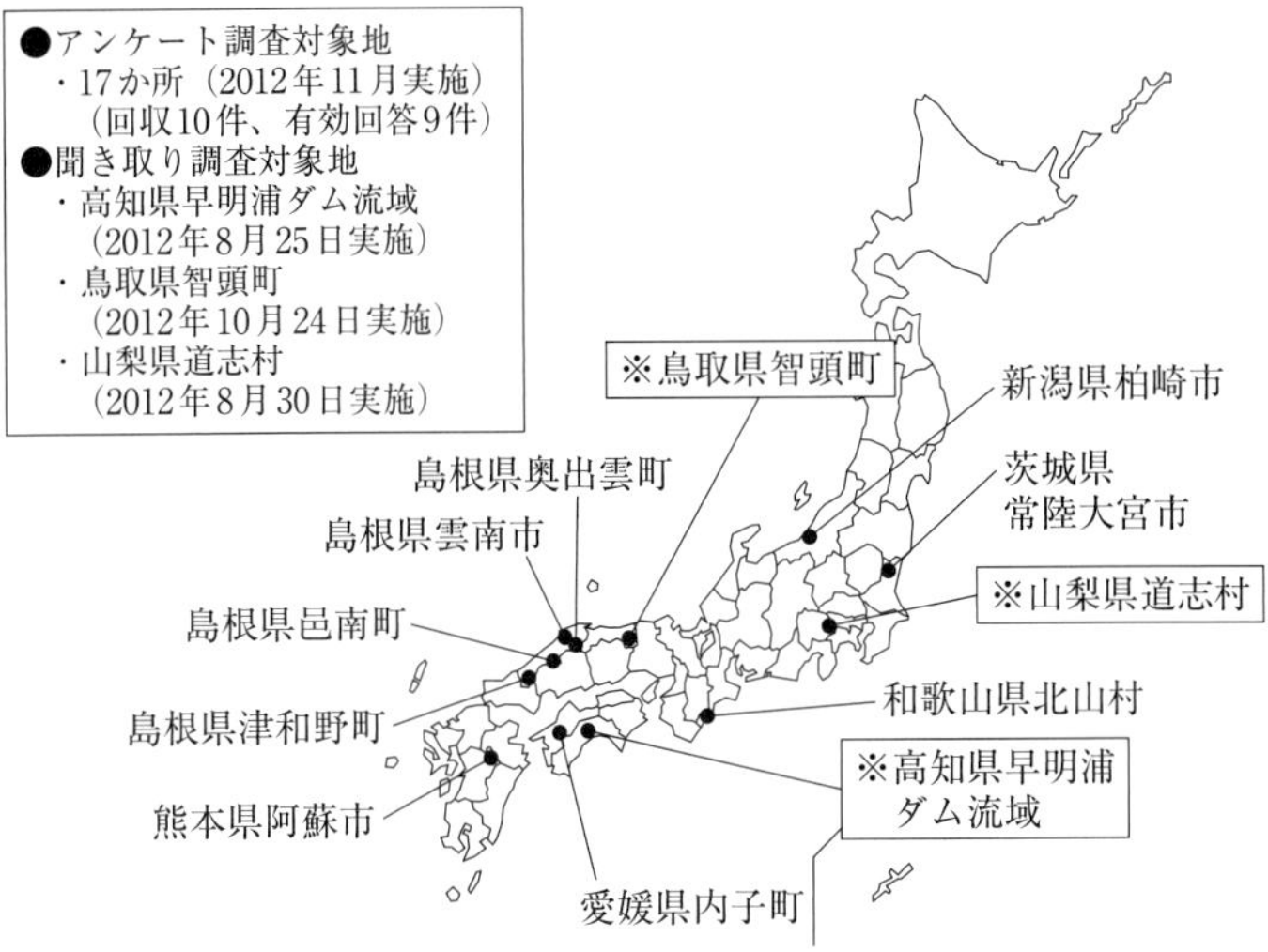

図3-3　事例地の位置

資料：筆者作成。
注：四角で囲んだ事例は聞き取り調査、他はアンケート調査を実施した。

　まず、これらの事例を活動形態から以下の三つの類型に区分した。

①既存自伐林家主導型（高知県早明浦ダム流域、茨城県常陸大宮市、愛媛県内子町、熊本県阿蘇市）は、地域にすでに自伐林家が一定程度存在し、出荷者の主力が既存の林家となっている。新規の参加者の開拓にはあまり結びついていない事例である。

②副業型自伐林家型（鳥取県智頭町、島根県雲南市、島根県奥出雲町、島根県津和野町、島根県邑南町）は、新たに活動を開始した参加者が多く見られる。島根県では２０１２年現在６件の取り組みが実践されており、新たな活動も広まっている。各

地の概要①

③現金支払い額（円／t）	④地域通貨支払額（円／t）	取扱量／期間	上乗せしている金額の原資	地域通貨使用登録店舗数
0	6,250	約430m^3/2.5か月	運営主体の経済活動による収入	40
4,000	3,000	22 t /3日	内子町の補助、県のバイオマス補助金、企業の支援金	40
0	6,000	660.22 t /約6か月	地元自治体の補助	37
2,000	1,500	約400m^3/…	運営主体の経済活動による収入	1
0	6,000	671.62 t /約9か月	地元自治体の補助、運営主体の経済活動による収入	40
3,750	3,750	197m^3/5か月	地元自治体の補助	32
…	6,000	90 t /2か月	地元自治体の補助	420
0	3,000	412 t /9か月	地元自治体の補助	59
0	3,000	約165 t /12か月	地元自治体の補助	300
…	※	3 t /1か月	運営主体の経済活動による収入	※
5,000	1,250	700～1,000m^3/12か月	地元自治体の補助、県のモデル事業補助金、企業の支援金	43
6,250	…	10m^3/3か月	※※	…

る地域もあったが、今回は智頭町で用いられている係数0.8を用いて、各地域の t

高知県早明浦ダム流域については2012年８月、鳥取県智頭町は2012年10月現在の情

表３-２　事例

類型	地域	販売先	①上乗せ価格（円／ｔ）	②業者買取価格（円／ｔ）
既存自伐林家主導型	茨城県 常陸大宮市	林業事業体 （おが粉製造部門）	1,875	4,375
	愛媛県 内子町	ペレット取扱業者	約4,400	約2,600
	高知県 早明浦ダム流域	大手チップ業者	2,200	3,800
	熊本県 阿蘇市	薪ストーブユーザー	500	3,000
副業型自伐林家型	鳥取県 智頭町	町内の木材市場	3,000	3,800
	島根県 雲南市	熱利用施設	3,500	4,000
	島根県 奥出雲町	地区内の森林組合	…	…
	島根県 津和野町	チップ業者	0～500	2,500～3,000
	島根県 邑南町	森林組合チップ工場	0	3,000
運営主体・ボランティア活用型	新潟県 柏崎市	ペレット製造業者	…	7,000
	山梨県 道志村	地域内の温泉施設	1,250	6,250
	和歌山県 北山村	地域内の温泉施設	…	…

資料：アンケート調査及び聞き取り調査結果より作成。
注：１．「･･･」は不明を表す。
２．「※」地域通貨については実現可能性を十分確かめてから実施する。
３．「※※」今年度は事業に入っていないため不明。
４．業者買取価格および地域通貨支払い金額についてはm^3当たりで回答してい
当たりの金額を算出し、ｔ当たりの価格で統一した。
５．アンケート調査対象地については2012年11月現在の情報。山梨県道志村、
報。
６．①＋②＝③＋④の関係にある。

地の概要②

出荷登録者数（事業開始時→現在）	出荷者数（事業開始時→現在）	おもな出荷者（％）
48→50	30→18	専業林家4、副業林家96
10→15	10→15	専業林家50、副業林家50
36→約50	25→12	セミプロ65、素人27、林業会社員8
3→10（事業者含む）	3→6	専業・副業林家合わせて100
…	29→40（2010年度→2011年度）	…
0→73	0→37	副業林家100
20→20	10→10	副業林家90、ボランティア10
28→81	22→10	副業林家50、その他50
団体4・個人6→団体4個人13	団体3・個人3→個人2	住民任意団体100
10→10	10→10	運営組織100
10→11	10→11	副業林家約50、ボランティア20～30 村の土木建設業者30
5→5	5→5	運営組織100

表３-３　事例

類型	地域	社会実験開始時期	本格実施 開始時期
既存自伐林家主導型	茨城県 常陸大宮市	2012/6/17〜8/31	2012.10.20
	愛媛県 内子町	2012/10/27〜12/31	2013.4.1
	高知県 早明浦ダム流域	①2011/10/1〜31 ②2012/1〜3	2012.6.1
	熊本県 阿蘇市	①2010/1月中旬〜3/31 ②2011/12〜2012/3	－
副業型自伐林家型	鳥取県 智頭町	①集荷実験：2010/10/16〜11/14 地域通貨流通実験：10/16〜11/28 ②2011/5〜12	2012年度〜
	島根県 雲南市	継続事業として実施	2012.7.8
	島根県 奥出雲町	2012/4/1〜2013/3/31	2012.9.22
	島根県 津和野町	2012/10/1〜12/31	2012.4.1
	島根県 邑南町	2011/11/1〜	未定
運営主体・ボランティア活用型	新潟県 柏崎市	継続事業として実施	2012.8.1
	山梨県 道志村	継続事業として実施	2012.4.1
	和歌山県 北山村	2011/12/1〜2012/3/31	－

資料：表３-２に同じ。
注：１.「･･･」は不明を表す。

地で参加者のすそ野を広げるため、出荷者を対象とした研修等の取組みがなされている事例である。

③ボランティア・運営主体活用型（山梨県道志村、新潟県柏崎市、和歌山県北山村）は、地域に自伐林家が少なく、新たな参入者の獲得がむずかしい。出荷者の主力が森林ボランティアや運営主体となっている事例である。

（2）既存自伐林家主導型

既存自伐林家主導型として、もともと自伐林家が一定程度存在している高知県早明浦ダム流域、茨城県常陸大宮市、愛媛県内子町、熊本県阿蘇市を分類した。出荷者は専業や副業の林家が主体となっている。

活動の運営において、高知県早明浦ダム流域では行政のみに頼らない運営資金の確保を課題とするなど、いずれの地域も資金の確保を課題としていた。とくに、茨城県常陸大宮市では地元自治体からの支援がないこと、実行委員会の人件費が出せないことを課題としている。熊本県阿蘇市においても地元自治体の補助は受けておらず、運営主体の経済活動による収入で上乗せする金額をまかなっている。また、集荷する材に端切れ材が多いので計量器（カンカン）方式でないとむずかしいが、設備投資費用が出せないために活動に広がりが出ないとしている。愛媛県内子町では県からのバイオマス補助金、町の支援、企業のスポンサー支援を受け1t当たり7000円と比較的高い金額での支払いが可能となっているが、運営するための費用の確保、運営をより効率よく行なうことのほか、作業の安全性についても課題としている。

茨城県常陸大宮市では、１期（２０１２年６月17日～８月31日）の社会実験時で１㎥当たり５０００円で材を買い取っていたところ赤字が発生し、２期（２０１２年10月20日～）では４０００円に下げられた。もっと下げれば収支は合うが、地域への経済波及効果が減るとして適正水準を探っている。改善策として、無料で間伐材を引き取る寄付材を募集したほか、安全研修も実施したうえでボランティアが無償で集材する仕組みを取り入れる等、運営に工夫を重ねている[11]。

（３）副業型自伐林家型

副業型自伐林家型には、鳥取県智頭町、島根県雲南市、島根県奥出雲町、島根県津和野町、島根県邑南町を分類した。

島根県では２０１２年現在６件の取組みが実践されており、さらにいくつかの市町村では地域の有志や自治体を単位とした副業的自伐林業の登録が行なわれ、新たな活動も始まっている。近年この取組みが急速に展開した要因としては、搬出材の買い手であるチップ工場が県内各地に点在していることにあると考えられている[12]。

島根県雲南市では、「市民参加型収集運搬システム」として市民に参加を呼びかけ、参加登録者には必ず講習会を受けてもらうことになっている。島根県で事業を導入している地域では伐採・間伐等の研修を開催している地域が多く見られ、奥出雲町等では間伐材を用いたイベントなども開催されている。[13] これらの地域では一般市民へ広く参加してもらい、活動の範囲を広めようとしている様子が見られる。邑南町木材利用促進協議会では行政だけでなく町内の森林所有、素材生産業者、製造業者、設計士、工務店等18名で構成されており、雲南市でも運営主体は合同会社となっているが、地元自治体がＰＲ活動に取り組んでいる様子が見られる。[14] 津和野町は現在行政主導で事業を行なっているが、行政主導からＮＰＯ法人、林業団体等の主体的な取組みにする必要があることを課題としてあげている。

　鳥取県および島根県の各地域では地域住民を広く巻き込んだ活動にすることをめざした取組みを進めている。事業の成果を上げるためには、一部の参加者、運営主体だけでなく、地域の人びとが広く主体的に取組みに参加することが必要であることを物語っている。鳥取県智頭町では今後出荷者の狙いとしている定年退職者等、参加者のすそ野を広げていきたいと考えており、邑南町でも事業実施のための研修会を実施していくことや、町内へのＰＲを行なうことを今後の課題としてあげている。また、奥出雲町では参加者の技術が未熟であり、研修のさらなる強化が必要であるとしている。このように、今後地域内へのＰＲ活動や研修の実施等によって参加者のすそ野を広げ、技術を磨いていくことが課題となっているのである。

（4）運営主体・ボランティア活用型

運営主体・ボランティア活用型には新潟県柏崎市、和歌山県北山村、山梨県道志村を分類した。山梨県道志村では林家からの出荷以外に村外（おもに横浜市）の森林ボランティアに頼る部分が大きく、また新潟県柏崎市と和歌山県北山村では運営組織からの出荷が１００％であった。

道志村では事業に関する村内説明会を行なったところ参加者も少なく、村内の人口が高齢化しているために山の作業に参加できないとの声もあった。これらの３地域では、他地域に比べ林業経営体数、林業経営体のうち家族経営体が少ない点が特徴的であり、既存の林家に参加してもらうことがむずかしくなっていると考えられる。

４　「土佐の森」方式・「木の駅プロジェクト」の課題と展望

（１）林地残材の有効活用の観点から

林地残材を拾うのみの取組みに終わってしまえば、資源はいずれ尽きてしまう。また、傾斜地では土壌および養分が斜面下方に移動するために、長期的には養分の減少が進行する。これを落葉落枝や残材が分解することによって土壌に還元され補給されている。したがって、傾斜地の林内に散在する林地残材を収穫利用することは、林地残材の物質循環として好ましいとは一概には言えない[15]。鳥取県智頭町では、事業導入によって林地残材の収集を進める一方で、切り捨て間伐に対しても町で補助金を出している。このように、林地残材を拾うことに主眼を置くだけでなく、切り捨て間伐も合わせて進めることや、過度の間伐や収集につながらないよう、残す残材と運び出す残材についても出荷者に理解してもらうよう研修の実施等が必要である。

　また、日本で小丸太や林地残材のチップ化にかかる費用はt当たり５０００円ないしそれ以上と他国に比べ非常に高いことが指摘されている。[16]「土佐の森」でも複雑な加工を施す利用形態より、シンプルな利用形態が有効であるとして、用途を①薪ストーブ、②家庭用薪風呂、③事業者用薪ボイラーの３パターンに分けた薪としての利用を推進している。事例地でもすでに利用先が薪ストーブユーザーである地域（熊本県阿蘇市）や事業者用薪ボイラーである地域（山梨県道志村、和歌山県北山村）、今後新たに薪利用の取組みを検討している地域（鳥取県智頭町）もある。高度な加工（チップ化）を施さない薪であれば、輸入チップとの競争関係から相対的に高いチップ化コストが原木価格を圧迫することもなく、原木出荷者にとって有利な原木販売が可能となる。一方、加工コストのかかる木質ペレット製造施設を販売先としている新潟県柏崎市周辺では、地産地消型ペレット利活用の取組みが進められており、７施設（市内３施設）のペレット利用施設を相手先として木質ペレット燃料の消費量を伸ばしている。[17]薪、チップ、ペレットそれぞれに利点と欠点があり、バイオマス利用施設の規模に応じた原材料形態の違い（たとえば、薪は比較的小規模施設向け、など）も存在し、それぞれの地域での販売先、需要量と実状に合わせた形態での利用を考えていくことが必要である。

（2）自伐林家の育成の観点から

「土佐の森」方式・「木の駅プロジェクト」導入地域において、説明会や伐採・搬出に関する研修、イベント開催等を行なうケースが多くみられ、これまで地域の山林への関心をもっていなかった住民に対しても少なからず地域の山林に対する関心を呼び起こすきっかけとなっているといえる。

これまで山林管理の経験があまりない者に対しては、研修参加者のみが出荷者登録を行なえるようにする、安全研修を実施したうえでボランティアが無償で集材する仕組みを取り入れるなど、より多くの人に出荷してもらえるような取組みが各地でなされている。また、既存の副業、専業の林家に対しては、早明浦ダム流域の自伐林家のように、搬出しても採算が合わず林内に放置していた木材を「木の駅」に運び込むことができるようになり、わずかではあるが林家所得の向上にもつながり、これまで伐っても放置していた材を出荷するインセンティブとなることも可能であるといえる。

しかし、いくつか課題も見受けられた。第一に、鳥取県智頭町であげられていたように、参加者の一部が一生懸命に取り組むにとどまっており、活動に広がりが見られない。そのほかの事例地でも登録者のうち実際に出荷している人数が少ない地域が多く、町内へのＰＲ活動や研修の強化を課題としている地域も見られる。茨城県常陸大宮市や島根県雲南市のように、ボランティアや素人山主、定年退職者といった層をターゲットにしたＰＲ活動や研修活動等を重点的に行なっていくことが課題である。

第二に、地域の林業雇用の増加という効果が仁淀川流域と比較して小さくなっている。すでに述べたように、仁淀川流域では約１６０人の出荷人数のうちその３分の１が建築用材を伐出し、さらに30人ほどが専業へとステップアップしたとのことである[18]。一方、そのほかの地域では、参入のハードルを下げることによって一般市民や、素人山主が新たに出荷するようになった例は見られるが、建築用材の生産等にステップアップしたり、地域へのＵＪＩターン者による地域の林業雇用の増加といった例があまり見受けられない。

第三に、事業を継続するに当たって、参加者のモチベーションが徐々に低下する傾向がみられる点である。聞き取り調査を行なった２０１２年度は高知県早明浦ダム流域は事業開始から2年目、鳥取県智頭町は3年目の取組みであったが、両地域ともに事業開始時と比較して２０１２年度の材収集量の見込みが少なくなっており、モチベーションの低下が指摘されていた。

(3) 地域活性化への寄与の観点から

聞き取り調査を行なった鳥取県智頭町では、地域通貨「杉小判」によって今まで買い物に来たことがない山の人が買い物に来るようになったり、事業に参加している者同士で「杉小判」を回そうとする動きが見られ、出荷者同士、商店同士、出荷者と商店同士の交流の場が増えるようになったとの声があがっている。地域通貨の発行が地域経済の活性化に貢献している様子が見られる。

出荷者へ上乗せして支払っている金額は、０円から最大約４４００円までとさまざまであった。

上乗せをしていない地域も存在したが、上乗せを行なっているほぼすべての地域で地域通貨財源の確保を今後の課題としてあげている。地域の行政が上乗せ分の支援をしていることが多いが、活動を持続させるためには、鳥取県智頭町の「組手什」[19]のように、運営主体が行政のみに頼らない独自の財源を確保することが必要である。また、高知県早明浦ダム流域では財源として森林環境税の活用が可能か検討されている。県の森林環境税が活用できれば、事業に関する情報交換や意見交換を行なう対象者が拡大することになり、事業に関する関心も広がっていくと考えられるが、特定の地域への県民税の活用に県民の合意形成が得られるかという課題が残る。

地域通貨は、①全額支払う地域、②現金と地域通貨で支払う地域、③現金のみで支払う地域、④地域通貨の導入は検討中である地域、が存在した。①の高知県早明浦ダム流域では、大量に材を出荷している林家の場合、日用品等への使い勝手が悪くなってしまう「木の駅」よりも現金支払い額の多いチップ業者へ流れてしまう可能性も高いということが指摘された。とはいえ、地域通貨支払額を減らせば地域商店の活性化への貢献度も下がる。また、ガソリンスタンド兼用券の作成等、商店の利益が大型店舗や人気店舗に集中しないよう、地域通貨の仕組みづくりをしっかりと議論する必要がある。

地域通貨の仕組みについて、「木の駅」独自の地域通貨を発行している地域と、商工会が発行する商品券を出荷者に渡している地域の両方が見受けられた。地域通貨であれば2次流通の仕組みによってより地域に大きな経済効果をもたらすことができるほか、地域の商店同士のつながりを生むこともできる。商品券は一度しか使用できないが、地域内の商工会に加入している店すべてで使用することができ、登録制の地域通貨よりも地域商店間での不公平を軽減できる。両者に長所・短所が存在するが、商工会の協力を得て商品券に2次流通の仕組みをつける等、理論的にありうるか、望ましいかの議論も含めて、両者の長所を活かす仕組みづくりも考えられるだろう。

事例地のうち行政が主体となっている地域では、行政主導からNPOや林業団体等の主体的な取組みにしていく必要があることが指摘できる、逆に、茨城県常陸大宮市では、行政からの支援がないことが課題としてあがっている。鳥取県智頭町の事例では、実行委員会に行政も参画し、山と商店が協力し合い地域の活性化に取り組もうとする様子が見えた。地域活性化の成果を上げるためには、行政や地域住民などさまざまな主体が主体的に参画できる取組みとすることが肝要である。

(4) おわりに

「土佐の森」方式、それを標準化した「木の駅プロジェクト」の導入が素人山主やボランティアへ管理が進まない地域の山林への関心を向けさせるきっかけとして一定程度機能し、既存の自伐林家等にとっても放置されている林地残材の出荷のきっかけとなっているといえる。しかし、当初の「土佐の森」の成果と比較して、活動の普及先では地域林業雇用の増加といった点に資する効果は少なくなっている。地域活性化の面では、地域通貨を出荷者と商店、商店同士等、地域同士のつながりを強化するツールとして用いることに一定の成果は得られると考えられるが、財源や流通の方法等の制度づくりの面でいくつかの課題が見られたところである。

今回調査を行なった地域では取組みを開始して1年もたたない地域も多く、「土佐の森」方式及び「木の駅プロジェクト」は現在も全国各地に活動の範囲を広げている。今後こうした課題を解消した仕組みを形成するなどして、より一層の成果が得られるかどうか、その動向が注目される。

注および引用文献

（1）本章は、JST研究開発プロジェクト「平成24年度　Bスタイル：地域資源で循環型生活をする定住社会づくり」（森林総合研究所四国支所）の一環として行なった大内の卒業論文（大内環『自伐林家による林地残材の資源化に関する研究――「土佐の森」方式・「木の駅プロジェクト」を事例に』２０１２年度筑波大学卒業論文、２０１３年1月）を興梠が編集し、一部修正加筆したものである。

（2）森林総合研究所四国支所調べ（２０１２年）。

（3）佐藤宣子・興梠克久「林家経営論」林業経済学会編『林業経済研究の論点――50年の歩みから』日本林業調査会、２００６年、２４８～２４９ページ。

（4）久保山裕史・上村佳奈「木質バイオマスの経済的な供給ポテンシャルの推計」『山林』２０１２年7月号、20～27ページ。

（5）中嶋健造『バイオマス材収入からはじめる副業的自伐林業』全国林業改良普及協会、２０１２年。

（6）中嶋健造「本当はもうかる自伐林家（後編）誰でもできる木材搬出簡単テクニック」『現代農業』第91巻5号、２０１２年、２２０～２２３ページ。

（7）中嶋健造『バイオマス材収入から始める副業的自伐林業』全国林業改良普及協会、２０１２年、１１

０～１１１ページ。
（8）同前、90～91ページ。
（9）同前、１３５ページ。
（10）同前、１０３～１０９ページ。
（11）「日本経済新聞」２０１２年12月28日付記事より。
（12）赤池信吾・藤田容代「島根県における副業的自伐林業の取り組み状況」『林業経済』第65巻8号、２０１２年、６～９ページ。
（13）もりふれ倶楽部ＨＰ、木の駅プロジェクトＨＰを参照のこと。
（14）雲南市産業振興部ＨＰを参照のこと。
（15）社団法人日本エネルギー学会編『バイオマス用語辞典』オーム社、２００６年、４５０ページ。
（16）熊崎実『木質エネルギービジネスの展望』全国林業改良普及協会、２０１２年、74ページ。
（17）新潟県柏崎市「平成24年度 柏崎市の環境 施策編」16ページ。
（18）中嶋健造「副業型自伐林業のススメ！ 全国に広がる土佐の森方式」第12回中山間地域研究会、２０１２年９月28日の講演内容より。
（19）厚さ15㎜幅39㎜のいわゆる胴縁材に障子の桟のように一定間隔に切り欠き（組手切）したものを組み合わせて衝立や棚などが簡単に組み立てられるＤＩＹキット。組手什は２ｍ×20本を１セットとして１万円で販売されており、その売上げの５％を「木の宿場」運営資金として寄付されている。詳しくは、智頭町木の宿場実行委員会・とっとり森と村の学校・ＮＰＯ法人賀露おやじの会『智頭２０１０ 木の宿場プロジェクト報告集＆とっとり森と村の学校の軌跡』２０１０年、１０８ページ。

第４章　運動としての自伐林業

——地域社会・森林生態系・過去と未来に対する「責任ある林業」へ

家中　茂

１　土佐の山間から——始まりへの予感

２０１３年７月８日、高知県いの町[1]吾北、通称「６３３美ハウス」[2]と呼ばれる小さな木造家屋に、20名余りの人びとが向き合っていた。一方に、総務大臣・新藤義孝、衆議院議員・中谷元、総務省地域力創造審議官・関博之、林野庁森林利用課長・原田隆行、高知県副知事・岩城孝章、高知県林業振興・環境部長・田村壮児らが、もう一方に、ＮＰＯ法人土佐の森・救援隊・中嶋健造、高知県仁淀川町上名野川の明神林業・片岡利一・博一、片岡林業・片岡今朝盛・盛夫、いの町吾北の木ノ瀬森林整備組合・安藤忠広、山中宏男、本山町地域おこし協力隊のもとやま森援隊・野尻萌生《めぐみ》、中井勇介、川

写真4－1　総務大臣視察一行との対面

端俊雄、四万十市のシマントモリモリ団・秋山梢ら、高知県でここ数年のあいだに生まれてきた自伐林家や自伐型林業に取り組んでいる人びとがいた（写真4－1）。

「自伐林業」という、ふだん聞き慣れぬ言葉が、ここ土佐の山間から日本の各地に飛び火している。地域通貨を用いた林地残材収集運搬システム「C材で晩酌を！」は、仁淀川流域から始まって、まるで中山間地域再生の合い言葉であるかのように、「軽トラとチェーンソーで晩酌を！」あるいは「木の駅」と地域の個性ごとに呼び方を変えながら、全国数十か所で取り組まれるようになっている。そして、この2～3年は、東日本大震災復興の生業創出や循環型社会形成の一環として、また、地方自治体の地域振興策や定住促進策の一環として、「自伐林業」推進が掲げられるようになっている。２０１２年２月、吾北木ノ瀬の山から自伐によって伐り出され、製材された材によって建てられた「６３３美ハウス」に初めて泊まったのが、東日本大震災津波被災地で自伐林業に取り組む岩手県大槌町のＮＰＯ法人吉里吉里国の人びとであったことも、そのことを象徴している。

この日、総務大臣一行の視察に対して、自伐林業をもって林業に新規参入してきた、これらの人びとが集い応じたことは、日本の森林・林業の再生に向けた大きな一歩となる歴史的な出来事といってよいだろう。ここにみなぎっていたのは、「始まりへの予感」である。

「土佐の山間から」始まった「自伐林業運動」が地域社会や森林経営にどのような革新（イノベーション）をもたらすことになっているのか、そこから未来を切り拓くためのどのような思想が芽生えているのか。本章においては、森林再生とは森林と人びととの関係性の再生であるという考え方に立って、考察していくことにしよう。

2　日本の森林の現実と研究および政策との乖離

森林の多面的機能や生物多様性という言葉を掲げた研究や政策が登場してから久しい。しかしながら、現実の日本の森林は必ずしも理想的な状態を保っているとは言い難い。それどころか、戦後の拡大造林によって形成された森林が伐採期を迎えているにもかかわらず、農山村地域の過疎化・高齢化という社会変化のなかで放置され、その結果、集中豪雨に伴う災害を頻発させたり、野生動物による農作物被害をもたらす一因とさえなっている。日本の森林をめぐる、この現実と研究や政策との乖離はいったいどこから生じているのだろうか。

林業政策を研究する佐藤宣子によれば、林業政策学・林業経済学分野の近年の研究動向は「二極分解」を起こしており、どちらも山村社会の内部構造のとらえ方が平板であるという点で共通しているという。すなわち、「一方の極にあるのは、地域経済における木材生産のウエイトが相対的に高い地域で広がっている皆伐の増加と再造林放棄に焦点を当てた堺らの研究である。再造林放棄の山村側の要因として、木材価格低迷による林業採算性の悪化や森林所有者の高齢化、負債整理といった点が明らかにされたが、その議論から山村社会の持続を展望することは難しい。／他方の極に位置する研究は、流域環境の保全活動の中でみられる森林を含む自然資源と人間との新たな関係性に焦点を当てた柿澤や土屋らの研究である。資源管理に関係する各主体のパートナーシップ構築のあり方が議論され、山村と都市（下流域）との合意形成には、山村社会に残るマイナーサブシステンスやキーパーソンの存在が重要であるとされている。しかし、そこでは山村崩壊の危機はほとんど語られない」（佐藤２００５：３）。

佐藤の指摘は、日本の森林の現実と研究や政策との乖離を考えるうえでたいへん示唆に富んでいる。とくに注目されるのは、「流域環境の保全活動の中でみられる森林を含む自然資源と人間との新たな関係性に焦点を当てた」研究に対する佐藤の指摘である。というのも、これらの研究が、本章の執筆者も関わる環境社会学分野における森林をめぐる研究、とりわけ森林をめぐるコモンズ研究をリードしてきたといってよいからである。

　ここで疑問に思われることは、森林をめぐるコモンズ研究において、日本の林業経営そのもののあり方については正面から取り上げてこなかったのではないだろうかということである。そこで取り上げられたテーマや事例が、たとえば、森林ボランティア、流域ネットワーク、森林環境ガバナンスなどであったことを思い浮かべればよいだろう[3]。もっとも、それは筋違いの疑問といえなくもない。林業経営そのものを取り上げるのではなくて、「森林を含む自然資源と人間との新たな関係性」についての考察であったからこそ、環境社会学研究となり得たわけであるし、その分野における学問的貢献を果たすことになった。それでもなお疑問とされるのは、なぜコモンズ研究の視点から日本の林業経営そのものが論じられてこなかったのだろうかということなのである。

　森林をめぐるコモンズ研究において、「入会林野」をコモンズの典型として位置づけ、評価してきたことはきわめて正当なことであった。それが日本におけるコモンズ研究を発展させるうえで多大な貢献をしてきたことは確かである[4]。しかし、入会林野に注目するあまり、入会林野を越えて、民有林を主体とした林業経営については、コモンズの視点から論じてこなかったのではないだろうか。そのような傾向は「里山論」においてよりいっそう顕著になる。生物多様性への関心から広葉樹を主体とした森林への注目がまさり、スギ・ヒノキの丸太材生産を主流とする林業経営に対してはほとんど関心を払ってこなかったといえる。

このように研究面において、森林をめぐる環境社会学やコモンズ研究において林業経営そのもののあり方に対する視点形成はなされてこなかったといえるだろう。わずかに経済社会学の問題関心から林業にアプローチしている研究もみられるが[5]、しかし、それも適正な市場機能が持続的資源利用においてもつ意義についての考察であって、林業経営や森林施業のあり方自体を取り上げているわけではない。

一方、政策面において林業は、近代化・産業化、大規模化・機械化が目標とされ、「生活」への視点を欠落させていた。その典型が「森林・林業再生プラン」である。この政策の根本的な問題は、佐藤（２０１３）が指摘するように、「森林所有者は林業への関心を失っており、森林管理能力がない」という認識に立っていることである。そのことから、大規模組織林業経営体のみを重視し、これまで地道に林業経営を行ない、過疎化・高齢化が進展する農山村における「地域の担い手」である小規模自伐林家を政策の対象外においてしまった。すなわち、日本の林業政策は、生産性の追求という一点において画一化され、多様性に富んだ日本列島の森林の自然条件や歴史的に形成されてきた森林所有や森林利用の実態を把握しないままに推進されてきたのである。志賀和人（２０１３）によれば、世界的には持続的「森林管理」という視点が林業において欠かせない時代になっているにもかかわらず、依然として、生産主義的視点を改めずにいる。佐藤（２０１０）も指摘するように、持続的な森林保全のためには、林業生産政策だけでは不十分であり、条件不利地域対策を加えた山村支援政策の視点が重要となってきているのである。

３　ＮＰＯ法人「土佐の森・救援隊」を淵源とする「自伐林業」運動の全国への波及

(1) 自伐林業および自伐林業運動

比較的小規模な山林を所有し、おもに家族的経営によって自ら施業する林業経営体もしくは林家を「自伐林家」と呼び、そのような形態の林業を「自伐林業」という。農業その他と組み合わせた複合的あるいは兼業的な経営であり、機械化もその規模に適合させて最小限にとどめている。興梠克久（２００４）は早くから家族林業経営に注目しており、家族林業経営による自伐林業を「近代的機械制小経営」による「低コスト林業」と位置づけ、それが注目されてきた時期を次の三つに分けている。第１期が１９５０～１９７０年代で「拡大造林の担い手、育林経営の安定化としての農林複合経営」であり、第２期が１９８０～１９９０年代前半で「小型機械による間伐材の自家伐出（自伐）」である。そして、第３期が１９９０年代後半～現在の「自伐林家の組織化と地域森林経営、バイオマス利用と自伐林業の拡大」である。[6]

興梠がここで注目している第３期こそが、本章で取り上げるＮＰＯ法人「土佐の森・救援隊」によって牽引されている「自伐林業」運動である。それが第１期、第２期と比べて際立っているのは、第１期に造林した山林が利用間伐期に入っているという点に加えて、まず、自伐林業を積極的に位置づけていること、すなわち、国の林業政策の対象から外れた「残余」カテゴリーとしての林業経営形態ではなく、本来、めざすべき林業経営の形態であると、自伐林業の新たな担い手が自ら主張している点である。まさしく「運動」としての自伐林業であり、「発言する」自伐林家といってよいだろう。

次に、間伐材の木質バイオマス利用が推進されていることである。林地残材として切り捨てられていた間伐材に、このように木質バイオマス利用としての用途をひらいたことの意義はたいへん大きい。そのことによって、新たに月々数万円から十数万円の収入を確保することができるようになった。それを基盤に多様な生業の可能性をひらくことにつながり、とくに自伐林業への新規参入者にとっては経済的な下支えとして機能することになった。さらに画期的であったのは、林地残材の収集運搬システムを円滑に動かすのに、土佐の森・救援隊が「地域通貨」を取り入れたことである。もはや、日本の林業という舞台からは姿を消したかのように見られていた自伐林業への新規参入を促し、バイオマス利用と地域通貨をつうじて組織化し、拡大したのが、土佐の森・救援隊の独創による林地残材収集運搬システム「Ｃ材で晩酌を！」なのである。

(2)「Ｃ材で晩酌を！」

「Ｃ材で晩酌を！」――この絶妙なキャッチフレーズをはじめて耳にしたときの印象は忘れられない。おそらく誰もが、その斬新さに、これで林業再生ができるのか、と驚いたに違いない。その驚きとは、一方で、意外さであり、一方で、勇気づけられるものであったのではないだろうか。言い換えると、誰もが、それほどに簡単に、気軽な気持ちで、「林業に参入」できるとは思いもしていなかったということだろう。そこにあるのは、林業は特殊なもの、特別な人にしかできないものという固定観念である。それは同時に、間伐がなされないまま荒廃する山林を目にして暗澹たる気持ちを抱き、林業ではメシが食えないとあきらめていた固定観念でもある。その固定観念を、たった一言で覆したのが、この「C材で晩酌を！」であった。

ここで「C材」とは、建築用材向けの「A材」、合板集成材向けの「B材」に対して使われる用語であり、A材にもB材にも適さず、商品価値のないものとして放置されていた「林地残材」のことである。かつては、間伐した材でも杭や工事足場などの用途があって、それなりに農林家の収入になっていた。そのような用途が工業製品にとって代わられるに従い、社会的な需要がなくなり、商品として流通することがなくなった。間伐しても山にそのまま残しておくほかなく、「切り捨て間伐」という用語が生まれたゆえんである。土佐の森・救援隊は、この林地残材を切り捨てておくのではなくて、木質バイオマス燃料として利用するための収集運搬システムを開発したのである。「C材で晩酌を！」とは、間伐後の林地残材を収集場所（「土場」）に持ち込めば、「晩酌代」くらいが手に入るということを、誰でも直感的に理解できるように表現したフレーズなのである。

もうひとつ、この「C材で晩酌を！」が放った衝撃は、林地残材の収集運搬の対価を「地域通貨」で支払うことにしたという点である。地域通貨と森林整備を結びつけることは、これまで誰も思いつかない画期的なことだった。土佐の森・救援隊が地域通貨を林地残材収集運搬システムに組み込んでいった経緯は後で詳しくみるが、この衝撃力がどれほどであったのかは次の言葉をみれば明白だろう。長年にわたって森林再生に取り組み、高い評価を受けていた森林ボランティアが「Ｃ材で晩酌を！」を知って、思わず口にしたのである。

　２００９年３月７日、（社）国土緑化推進機構のセミナーに、私も土佐の森・救援隊の中嶋健造さんも招かれていた。当時は土佐の森・救援隊の活動をあまり知らなかった。直前にＷｅｂ検索して興味をそそられた。……私の後の中嶋さんの講演を聞いて身体が震えた。「こりゃ、本物だ」。愛知県豊田市や岐阜県恵那市で私たちが素人山主さん相手に丁寧にあの手この手で気を遣い順序を踏んでやってきたことを「Ｃ材で晩酌を！」の一言でぶっ飛ばしてしまった。素人山主さんたちの心をわしづかみにしてしまっている。恐れ入った。[7]（丹羽２０１２：１３９）

　まさに「目から鱗が落ちる」とはこういうことをさすのだろう。注目されるのは、この発言にも示されているように、土佐の森・救援隊の活動はこれまでの一般的な森林ボランティア活動とは一線を画していたこと、そのために、その活動が従来の都市中心発想型の森林ボランティアにはあまり知られておらず[8]、まさに地方発現場発想型のものであったことである。

　そのことを土佐の森・救援隊の中嶋健造さん（現理事長、当時事務局長）自身が語っているので確認しておこう。

　ここで彼（引用者注：土佐の森・救援隊創始者の松本誓さん）が目指した森林ボランティア団体は、全国で同じように立ち上がってきた森林ボランティア団体とはちょっと違っていた。立ち上げ当初から、参加者はチェーンソーを持ち、未整備の人工林に入り、間伐し、さらに材も搬出し、市場出荷や自ら利用するなど、間伐した材はすべて利用するところまで実施したのである。（中嶋２０１２：19‐20）／この土佐の森の手法は全国的には、非常にめずらしいケースであることがわかった。（中嶋２０１２：22）／どこが「めずらしいケース」であったか。当時の林業界、いや現在でも同じだと思うのだが、「林業はプロがやるもので、一般人はなかなかできるものではない」という考え方が一般的ではないだろうか。当然全国の森林ボランティア団体も同じ気持ちで、林業に踏み込むような活動をするところはほとんどなかったと思われる。国や地方行政も、国民や森林ボランティ団代は、ネイチャーゲームや体験活動、植樹までで、林業とは一線を画し、間伐や材搬出はプロ集団の森林組合を中心とする専業企業体が実施するという大前提で施策を打っているといえる。（中嶋２０１２：22）

設立当初から、土佐の森・救援隊が掲げている基本理念は、「かつてはあたり前だった『自分の山は自分で管理する』『自分ひとりで管理できなければ寄り合い（協働・地域コミュニティ力）で助け合う』」ことであり、「小規模林業・複業的自伐林業（自伐林家的森業）を復活させることにより、森林と山村を再生し、さらに地球温暖化防止も推進させるねらいを付加した持続可能な活動を続ける」（中嶋２０１２：24―25）ことなのである。

（3）土佐の森方式

自伐林業をめざす森林ボランティアの登場

土佐の森・救援隊の取組みは、これまでの森林ボランティア活動とは一線を画している。このようなＮＰＯが出現してきた背景には、創始者である松本誓さんの存在が大きい。森林ボランティアに対する松本さん独自の考え方の根底には、現代の森林政策の行き詰まりをいかに打開するかという、実践的な問いがあった。森林ボランティア活動の目的として一般的にあげられる、森林に対する都市住民の理解促進などとは前提が異なっているのである。そのことを松本さんへのインタビューをもとに再構成してみよう（写真4−2）。

松本さん自身、祖父から引き継いだ80haの山林をもつ自伐林家である。森づくりを志し、鹿児島大学の林学を出て、高知県庁に入り、林業分野を歩んできた。そして、１９９１年に念願の高知県有林約1万haの経営を任されることになった。そうしたところが、県有林の経営が早晩行き詰まると確信するにいたったという。というのも、明治期に造林した木が設定価格を大幅に上回って落札されているうちはいいものの、そのうち「空白の20年」がやってくるのが目に見えていたからである。「空白の20年」とは、終戦をはさんで前後10年ずつ、あわせて20年間にわたる造林の空白期をさす。戦後の造林が始まるのは、そのあと、昭和30年代になってからである。ということは、いずれ売る木がなくなるという事態が起こるのである。

写真４-２　「土佐の森・救援隊」の面々
（左端が松本誓さん、右端が中嶋健造さん）

　ところが、その先に、松本さんがもっと深刻であるととらえる危機が控えていた。それは、「予定調和」という考え方をもとに推進されてきた戦後の林業政策の行き着く先としての危機である。この「予定調和」とは、林業政策に携わる者にとっては常識だというが、一般的には聞き慣れない用語である。そこで、すこし詳しくみておこう。

　「予定調和」とは、林業経営が良好であれば、森林環境もそれに応じて良好になるという考え方であり、予定どおり計画し、予定どおり施業すれば、人も自然も調和するという考え方である。そのような「予定調和」を暗黙の前提として戦後の林業政策が推進され、次のような施業体系がつくりあげられてきた。１ha当たり３０００本の苗木を植林し、下刈りし、除伐し、鬱閉状態をつくる。鬱閉状態において林分密度管理をしながら、間伐を続け、40～50年までもっていき、主伐として皆伐をする、そして、再び造林するという、50年サイクルの施業体系である。しかしながら、現実には、このような50年サイクルの「予定調和」は実現していない。というのも、間伐してもその材が売れないことから、予定調和どおりに間伐が実施されないからである。その結果、山林は荒廃してしまった。

それに対して、松本さんは間伐しなくてもよい森づくり、すなわち、伐期を50年でなく、２００年にして、２００年で完成する森づくりにするべきだと考えるようになったという。そうしないと、現在ある資源をすべてとってしまったあと、再造林が採算上無理である以上、林業は終焉し、森林も終焉してしまうことになる。現状のままでは不可避的に訪れる破綻を避けて、２００年後の世代に委ねる森づくりに変えなければいけない。すなわち、「予定調和」という考え方にとらわれない施業体系が求められるのである。そして、そのような「近自然林施業」とでも呼べる施業にもとづく林業経営を行なっているのが、自伐林家なのである。

このように根本を見直さなくてはならないにもかかわらず、現在の林業政策は旧態依然として生産効率を上げることをめざしており、そのことを高性能林業機械を導入することによって達成しようとしている。その典型が「森林・林業再生プラン」である。しかしながら、いくら生産効率を上げたとしても、木材価格が下落し続ければ、やがて行き詰まるのは目に見えている。一方、コスト（そのなかでも最大の人件費）を削減するにも限度がある。そこで、生産効率を上げるという発想から抜け出し、コスト（人件費）ともかかわりなく、森林整備を進展させるためには、一つに、デカップリングによる直接所得補償があり、一つに、森林ボランティアがあるというのが、松本さんの行き着いた結論である。

ここに、従来の森林ボランティアとは一線を画す、自伐林業をめざす森林ボランティアが登場することになったのである。

森林証券「モリ券」の大義とその仕組み

土佐の森・救援隊の独創による「C材で晩酌を！」は、これまで誰も考えなかった、林地残材と地域通貨を交換するというアイデアを取り入れて、大ブレイクを起こした。本書第3章でも大内環・興梠克久が紹介しているように、現在、「木の駅」や「薪の駅」あるいは「軽トラとチェーンソーで晩酌を！」などとさまざまな名称を掲げて、地域通貨を取り入れた林地残材運搬収集の取組みが全国各地で実施されるようになっている（家中２０１２）。それはまさしく、他人に頼んでは採算が合わないが、自分でやればそこそこの収入となるという、自伐林業の理念と有効性について、人びとが身をもって理解する機会を提供することになった。

土佐の森・救援隊の始めた地域通貨「モリ券」は、間伐材・林地残材を搬出した出荷者が、その収集運搬の対価として、現金ではなく受け取る仕組みである（写真4-3）。ところで、土佐の森・救援隊の発行する「モリ券」には「森林証券」という言葉が記されている。この「森林証券」とはいった

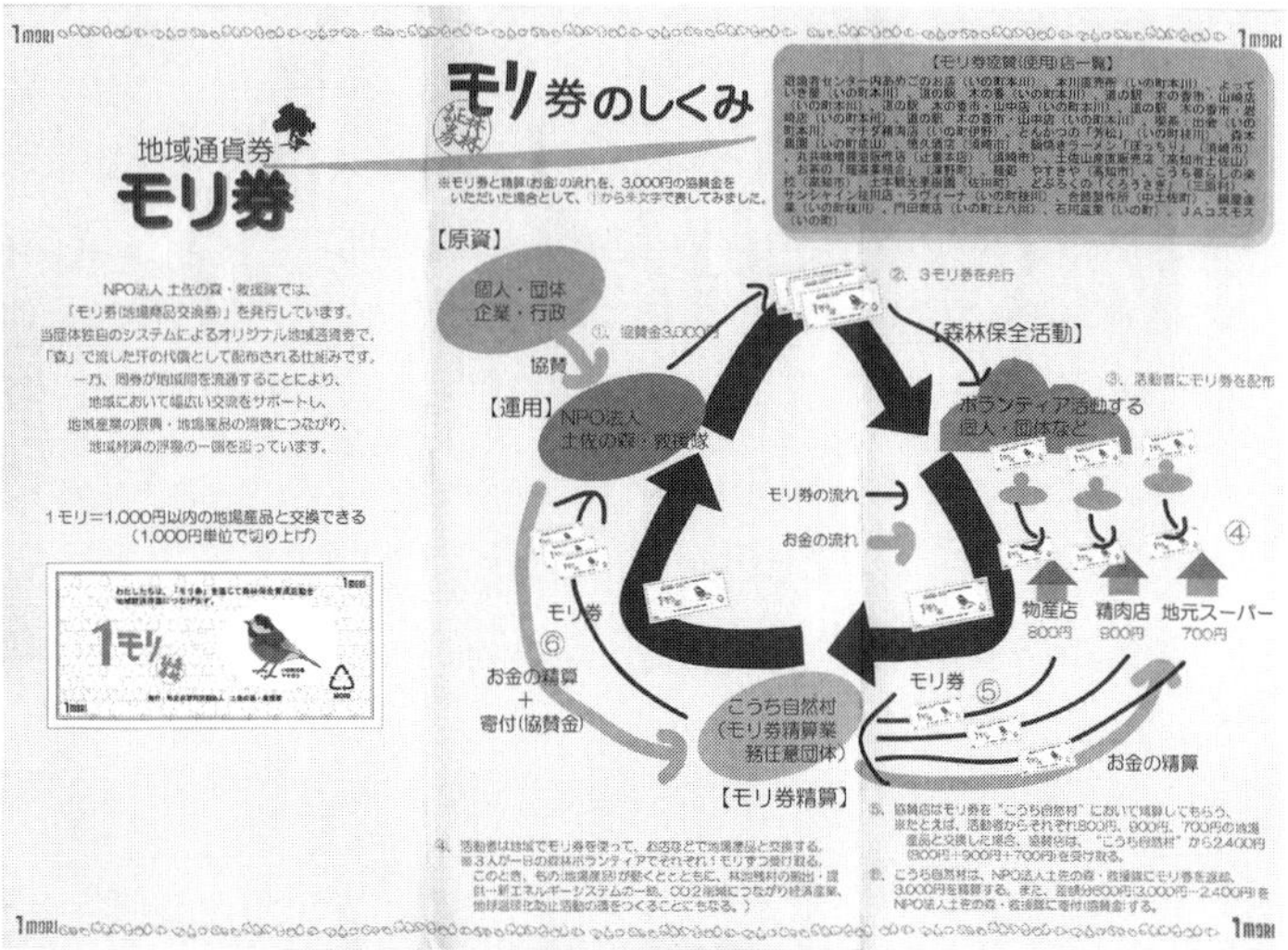

写真4-3　モリ券の仕組み（提供：土佐の森・救援隊）

い何だろう。そこには、どのような意味が込められているのだろうか。そのことを理解すると、「自伐林業をめざす森林ボランティア」の理念がよりいっそう明瞭となってくる。

●モリ券の考え方

「森林証券」とは、「森林整備の活動に参加したことを証する券」を意味する。すなわち、「モリ券」という呼称は、「森林整備の活動に参加したことを証する券」の最初の1字「森」と最後の1字「券」をとってつくられたのである。

土佐の森・救援隊が主宰する森林ボランティア活動に参加すると、「モリ券」がもらえる。参加者は「モリ券」をもって指定の商店にいけば、森林ボランティア活動に参加する際の弁当やガソリンと交換することができる。商店に対しては、あとで土佐の森・救援隊が精算をする。つまり、「モリ券」のもっとも基本的な意味とは次のようにとらえられる。「モリ券」を持参した者が「森林整備活動に参加した」ことを証しているのが「モリ券」であり、商店はその森林整備活動に参加したという行為に対して「掛け売り」をするのである。ところで、このような「掛け売り」が成立するということは、土佐の森・救援隊が主宰する森林整備活動が公共的な性格を有するものであると認知され、社会的な信頼を得ていることを意味している。商店は、土佐の森・救援隊による「森林証券」の発行がそのような意図にもとづいていることを受けとめて、社会的な信頼にもとづいて「掛け売り」しているのである。

●モリ券の起こり

土佐の森・救援隊の収入は、会費、協賛金、助成金の三つに分けられる。このうち、会費は事務経費にあてられ、助成金は事業経費にあてられる。一方、会員からの協賛金（設立当初、会員から1万円集めていた）は、森林ボランティア活動のときの弁当代や交流会費にあてられていた。この協賛金をもとに、「森林証券」として発行したのが「モリ券」である。はじめは、たとえば「弁当券」などの引替券のような意味合いであったという。会員はどの弁当でも自分の好きなものを選ぶことができたし、場合によっては、弁当以外のものを選んでもよかった。

この仕組みを考案した松本さんが興味深く受けとめたのは次のことだという。すなわち「モリ券」とは、モノ（モリ券）とモノ（商品）を交換させるものであり、一般の通貨のように使わずにとっておいても意味（価値）はなく、モノ（商品）と交換してはじめて意味（価値）がある。そこで、モリ券をもらった人はモノ（商品）と交換することを促されるようになる。つまり、モリ券をつうじて地場産品の流通が活発になる。さらに、モノの価格とは、売り手と買い手の双方の合意によって成り立つのであるから、モリ券に日本通貨いくら分の価値があるというのではなく、交換されたモノ（商品）に応じて、あとで土佐の森・救援隊が清算したときに、その価値が示されることになる。ただし、協賛金１０００円が土佐の森・救援隊に入ったときに、モリ券１枚を発行することにしているので、モリ券１枚で１０００円相当の買い物をするようになっている。１０００円以下のモノを買っても、釣り銭は出ず、また、現金と混ぜて使うこともしない。その点は一般の地域通貨と同じである。

●モリ券の財源

「モリ券」の財源は、会員の出資による協賛金を基本としている。協賛金を納めると、会員に「出資証」が発行される。それがモリ券である。協賛金１０００円につき、モリ券１枚が発行される。ただし、協賛金を納めても、モリ券を発行してもらって受け取るかどうかは会員の任意としており、受け取らない場合、協賛金はモリ券の財源として蓄積される。そのことによって、モリ券の発行数が、会員の協賛金の蓄積による財源を上回ることがないように設計されている。

このようにモリ券の財源には会員による協賛金があてられるが、土佐の森・救援隊の活動が展開するにつれて、会員による協賛金以外の財源も生まれてきた。

シリーズ 地域の再生 全21巻

1 ● **地元学からの出発**
――この土地を生きた人びとの声に耳を傾ける
結城登美雄

2 ● **共同体の基礎理論**
――自然と人間の基層から
内山 節

3 ● **グローバリズムの終焉**
――経済学的文明から地理学的文明へ
関 曠野・藤澤雄一郎

4 ● **食料主権のグランドデザイン**
――自由貿易に抗する日本と世界の新たな潮流
村田武・山本博史・早川治・松原豊彦・真嶋良孝・久野秀二・加藤好一

5 ● **地域農業の担い手群像**

12 ● **場の教育**
――「土地に根ざす学び」の水脈
岩崎正弥・高野孝子

13 ● **コミュニティー・エネルギー**
――歴史に学び、現代に生かす
室田 武・倉阪秀史・小林 久・島谷幸宏・三浦秀一・高野雅夫・諸富 徹

14 ● **農の福祉力**
――アグロ・メディコ・ポリスの挑戦
池上甲一

15 ● **地域再生のフロンティア**
――中国山地から始まる この国の新しいかたち
小田切徳美・藤山 浩 ほか

6 ● **水田活用新時代**

6●福島　農からの日本再生
——内発的地域づくりの展開
守友裕一・大谷尚之・神代英昭　編著

7●進化する集落営農
——新しい「社会的共同経営体」と農協の役割
楠本雅弘

8●復興の息吹き
——人間の復興、農林漁業の再生
田代洋一・岡田知弘　編著

9●地域農業の再生と農地制度
——日本社会の礎＝むらと農地を守るために
原田純孝・田代洋一・棚沢能生・谷脇　修・
高橋寿一・安藤光義・岩崎由美子　ほか

10●農協は地域に何ができるか
——農をつくる・地域くらしをつくる・JAをつくる
石田正昭

T型集落点検とライフヒストリーでみえる
11●家族・集落・女性の底力
——限界集落論を超えて
徳野貞雄・柏尾珠紀

17●里山・遊休農地を生かす
——新しい共同＝コモンズ形成の場
野田公夫・守山　弘・高橋佳孝・九鬼康彰

18●林業新時代
——「自伐」がひらく農林家の未来
佐藤宣子・興梠克久・家中　茂

19●海業の時代
——漁村活性化に向けた地域の挑戦
婁　小波

20●有機農業の技術とは何か
——土に学び実践者とともに
中島紀一

21●百姓学宣言
——経済を中心にしない生き方
宇根　豊

「未来《とわ》の森」事業をいの町の町有林で実施したときには、その間伐材の売り上げを「未来の森基金」と位置づけ、モリ券の財源としている。自治体有林からの間伐材収入を地域通貨に変換して地域内で流通させるということは、本来共有財産であるはずの森林の価値を再創造したという点でたいへん注目される。あえていうなら、「森林整備の活動に参加したことを証する券」としてのモリ券は、その行為の社会性・公共性に対する信頼が地域通貨に媒介されて流通していることになる。それに対して、「未来の森基金」のように、自治体有林の整備をつうじて得られた間伐材収入をモリ券に変換することは、森林整備活動をつうじて自治体有林の価値を高めると同時に、自治体有林が本来保持していた共有財産としての価値を地域通貨への変換をつうじて流通させることだといえる。

四国銀行がモリ券の基金を提供したこともある。また、「三井協働の森」やNEDOの地域バイオマス事業においては林地残材の収集運搬による収入や「C材で晩酌を！」の事業運営収入をモリ券の財源にあてたこともある。あるいは、土佐の森・救援隊グループである「こうち森林救援隊」が協賛金を土佐の森・救援隊に出資し、土佐の森・救援隊発行のモリ券を利用しているケースもある。後述する「森援隊」や「土佐の森・薪倶楽部」による「NPV活動」における「モリ券」も同様である。「森援隊」は、個々の山林所有者と協定を結んで、その山林整備活動をする(9)。その際の間伐材収入は、山林所有者との協定に応じて森援隊に分配され、協定を結んだ山林ごとに管理される基金となる。その基金を財源に、森援隊は土佐の森・救援隊に協賛金を納め、山林整備活動参加者へ手渡すモリ券を得ている。「土佐の森・薪倶楽部」の場合も同様であり、毎週金曜日に「木の駅ひだか」で薪割り活動を行ない、それに対してモリ券が発行される。参加者はそのモリ券と薪を交換して持ち帰る（なお、薪がそれ以上必要な参加者は、個別に協賛金を出資し、その出資証としてモリ券を発行してもらって、追加の薪と交換する）。

なお、ここで注目しておきたいことは、土佐の森・救援隊のモリ券においては、基本的に、会員の協賛金または間伐材の販売収入をもって財源を確保しているということである。現在、土佐の森・救援隊の「C材で晩酌を！」をモデルにして各地で地域通貨を使った林地残材収集運搬システムが広まっているが、間伐材の売価（チップなど）とモリ券発行額との差額を行政からの補助金でもって埋め合わせている例も多くみられる。それに対して、このようなモリ券の財源のあり方からも、土佐の森・救援隊が設立当初から「自伐林業を推進する森林ボランティア」をめざしている姿勢がよくわかる。

「C材で晩酌を！」（写真4-4）

「C材で晩酌を！」は、土佐の森・救援隊が間伐整備した山の材は徹底的に利用するというコンセプトにもとづく森林ボランティアだからこそ発想し得たといえる。言い換えると、近年、各地でさまざまな名称を冠して、土佐の森・救援隊が創案した林地残材収集運搬システムが普及している現状において、地域通貨モリ券は自伐林業推進という大義があってこそ生きてくるものだということは十分過ぎるほど認識しておいてよいだろう。

写真4-4　「C材で晩酌を！」軽トラで搬入する人びと（提供：中嶋健造）

というのも、地域通貨の機能や効果ばかりに目を奪われると、結果として、自伐林業にもとづく永続的な森づくりに向けた持続的林業経営という大きな目標が見失われてしまいかねないからである。プロの林業従事者とアマチュアの森林ボランティアという「棲み分け」を前提とするのではなく、初心者、ボランティアから、新規参入者、副業・兼業、そして専業の林業者まで、さまざまな段階に応じて参加できるようにして、その自伐林業を支えるシステムが「C材で晩酌を！」である。

それでは、森林再生とは森林と人びととの関係性の再生であるという考え方に立って、その特徴や効果について確認していこう〔以下、中嶋（２０１２）参照〕。

●木質バイオマス利用への着眼

「Ｃ材」とは、建築用材としての「Ａ材」、合板集成材用材としての「Ｂ材」に対して、何の用途もなく、商品価値がないために「切り捨て間伐」されてきた林地残材、端材、「たんころ」のことである。そのような「Ｃ材」の用途として、これまでチップ原料があったが、新たに木質バイオマス利用に着眼したことが、林地残材収集運搬システム構築につながったのである。その発端は、ＮＥＤＯ（独立行政法人新エネルギー・産業技術総合開発機構）のバイオマスエネルギー地域システム化実験事業（仁淀川町と川崎重工業の共同実施による「高知県仁淀川地域エネルギー自然システムの構築事業」２００５年12月～２００９年３月）への参加であった。

●小規模林産への呼びかけの経緯

「高知県仁淀川地域エネルギー自然システムの構築事業」の内容は、林地残材を収集し、チップに加工してガス化発電を行なうことと、チップからさらにペレットに加工して熱利用に使うことである。そのための林地残材の収集運搬業務を仁淀川流域の林業経営体が担うという事業設計がなされ、大規模林産、中規模林産、小規模林産という三つの主体ごとに収集する林地残材の量が割り当てられた。ＮＥＤＯのこの事業の実施事例地は全国で7か所あったが、小規模林産を組み入れたのは仁淀川地域のみであったという。小規模林産としてＮＰＯを組み込むことで、ほかの事例地とは異なる特色を打ち出す思惑があったのだろうと推測されている。

ここで、「大規模林産」とは、大規模な架線集材によって主伐として皆伐を行なう、高知でも最大規模の素材生産業者によるものである。「中規模林産」とは、大規模集約した山林を委託施業し、高性能林業機械を導入して間伐を行なう森林組合や素材生産業者によるもので、現在、国が推進している林業政策の中心であり、この事業では第三セクターが担当した。そして、「小規模林産」とは、土佐の森・救援隊が参加を呼びかけたものであり、森林ボランティアや自伐林家がその中核を形成する。土佐の森・救援隊は「小規模林産」として事業への参加を依頼されたときに、林地残材の収集運搬業務を森林ボランティアに限定することなく、仁淀川流域の全住民が参加できるようにするべきだと考えた。そこで、「小規模林産」について次のような独自の定義をしたのである。

> 地域の自伐林家や森林ボランティア団体を主体とし、地域住民や団体、全員を対象とします。地域ぐるみの収集運搬システムを構築する。ビジネスベースの企業・団体（大規模林産・中規模林産）だけでなく、自伐林家・農家・サラリーマン、環境保全ベースや地域づくりの個人・団体、さらに趣味ベースの個人も対象にします。

このような定義がなされたのは、これまでも確認してきたように、土佐の森・救援隊が「自伐林業をめざす森林ボランティア」であり、行き詰まりの見える現在の林業政策を変革し、持続的な森づくりを担う主体として、小規模自伐林家の育成を設立当初からめざしていたからにほかならない。

この事業設計段階で、土佐の森・救援隊の出荷が年間１００ｔであることから（１泊２日の月例会で８ｔ出荷、すなわち、１日当たり４ｔ出荷）、小規模林産に対して、全体量２０００ｔのうち１割の２００ｔが割り当てられた。そこで、土佐の森・救援隊として１００ｔを出荷し、もう１００ｔを先の定義にあるような仁淀川流域の自伐林家が出荷することを想定して、「Ｃ材で晩酌を！」のシステム構築をしたのである。そのとき（事業設計当初）、大規模林産、中規模林産、小規模林産の出荷割当比率は、６：３：１であった。

ここで大変注目されるのは、「Ｃ材で晩酌を！」を開始する前年の２００６年に、土佐の森・救援隊が実施したアンケートである。仁淀川町全戸３０００人を対象として実施したところ、その３割弱の８５０人から回答があった。そのうち７０４人が山林を所有しており、さらに１０７人が材の搬出を自分でした経験があり（アンケート実施時点で搬出していたのは実際には7人にすぎず、残りは過去に経験があるということがあとでわかった）、１１６人が作業道・技術指導があれば搬出する、２０９人が条件次第で検討するという回答であった。すなわち、回答のあった山林所有者の６割に間伐の意志があることが判明したのである。また、森林ボランティア活動への参加意志も３６４人あった。このアンケート結果から、「われわれは山を捨てたくはない、かつてのように林業をしたい、たとえボランティアであっても」という山林所有者の悲痛な声が聞こえてきたという（中嶋２０１２：76）。

土佐の森・救援隊は、山林所有者のこのような「切実なる思い」を受けとめて、適切な呼びかけさえできれば、小規模林産による林地残材は必ず集まると確信したという。そのために、まず、小規模林産を先のように定義し、仁淀川流域の住民が誰でも参加できるようにして、「Ｃ材で晩酌を！」を立ち上げたのである。そこに地域住民の声を掘り起こし、担い手の思いに寄り添う姿勢がみてとれる。

実際に、２００７年5月に林地残材の収集を始めてみると、小規模林産は、10月には当初予定の20

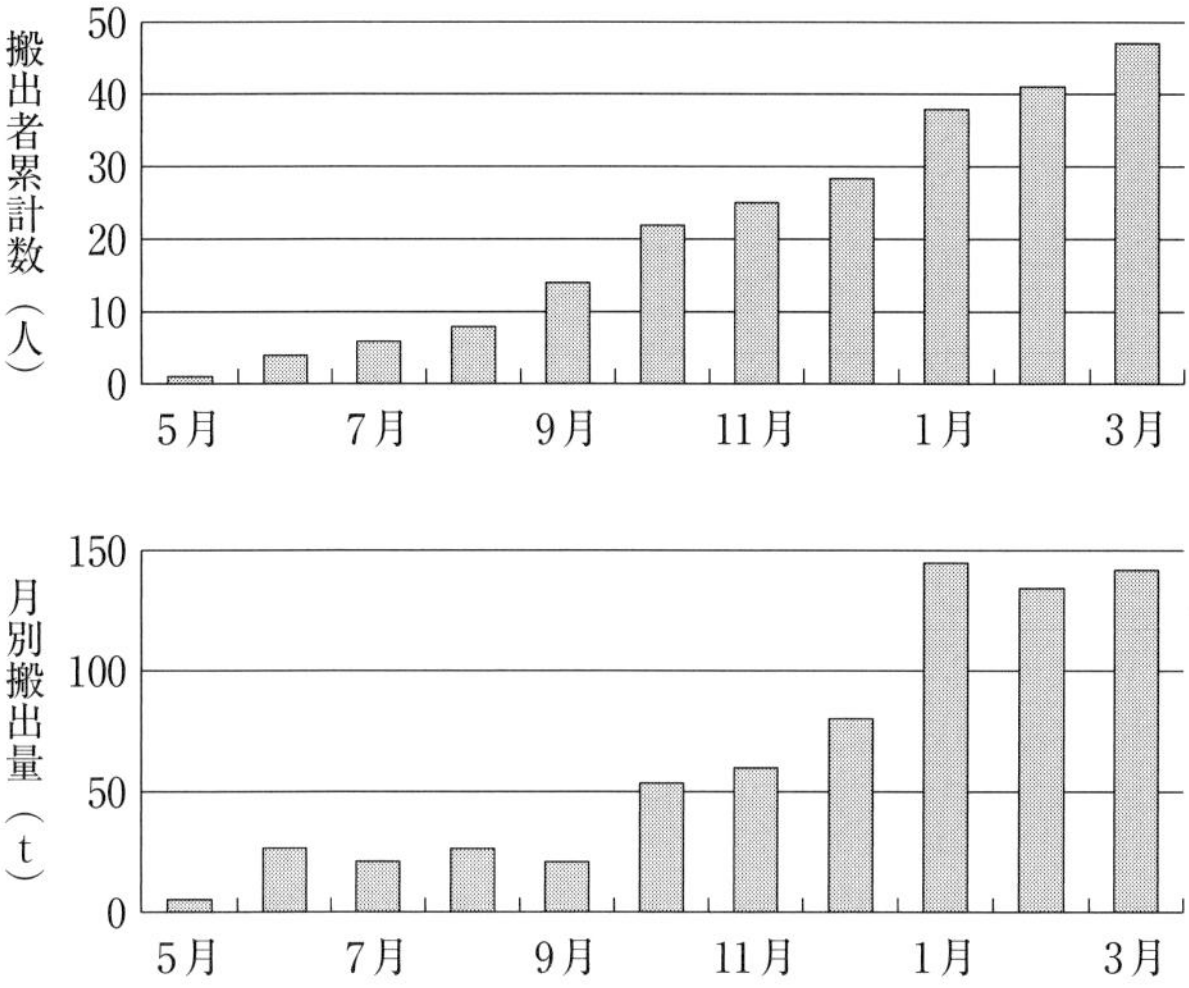

図４-１-①　「Ｃ材で晩酌を！」小規模林産の林地残材搬出状況

（図４－１－①、②、③、図４－２—①、②：提供：中嶋健造）

人が出荷するようになり、年度末の3月には予定の倍の40人になった。また、１月段階で小規模林産だけで全体の予定量の月１５０ｔを出荷するまでになった。そして最終年度には５０００ｔ近くまでの出荷量に達した。このほかに、原木出荷が１万ｔほどあり、当時の仁淀川森林組合の出荷数の２・５倍にあたる。このように小規模自伐林家が組織化されれば、森林組合を上回る実績をあげることができるのである（図4-1-①、②、③参照）。

一方、中規模林産は3か月後に離脱し、大規模林産も予定どおりには材が出てこなかった。というのも、中規模林産は高性能林業機械を導入した「高コスト」生産をしており、林地残材収集をしていた

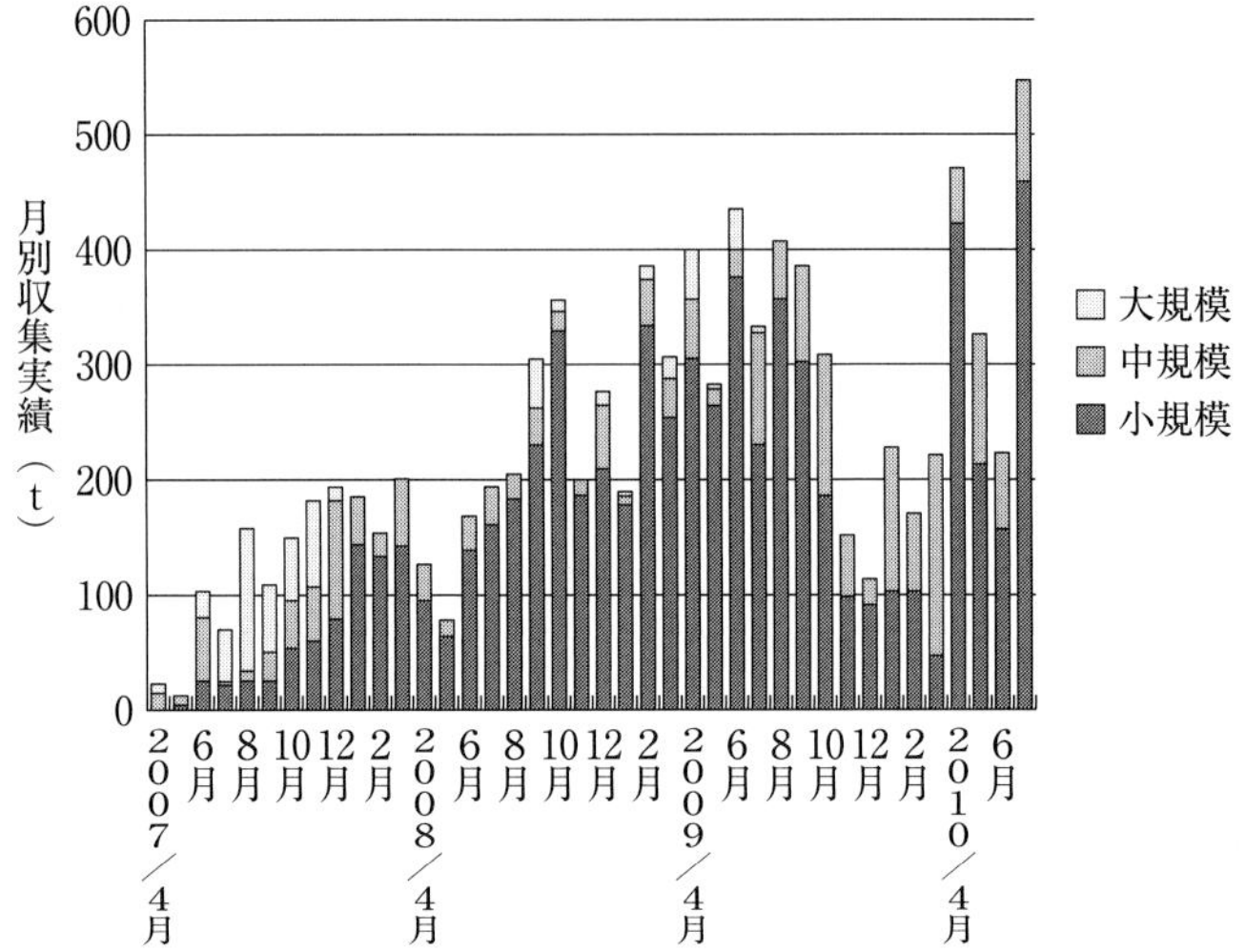

図4-1-② 「C材で晩酌を！」月別収集実績

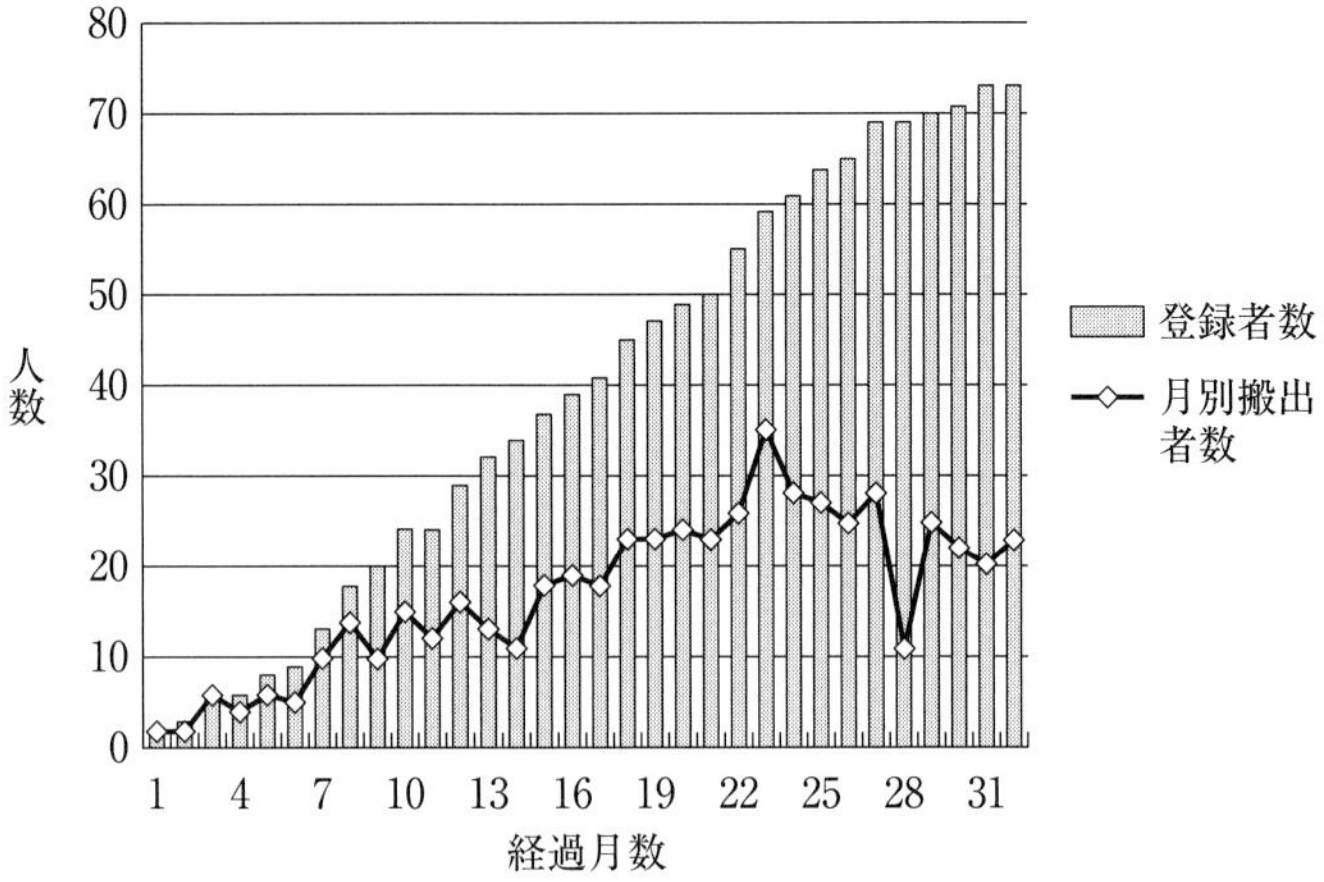

図4-1-③ 「C材で晩酌を！」搬出登録者及び月別搬出者の推移

らとても採算が合わず、本業の素材生産にも悪影響が出てしまったからである。また、大規模林産も中規模林産も施業委託された山林を点々としており、林地残材の出荷場所に近いうちであればまだ対応できたものの、運搬距離が遠くなれば、出荷できなくなるからである。結果として、当初設計では、６：３：１であった出荷比率が、最終的には、１：１：８と逆転することになった。

松本さんは、この「Ｃ材で晩酌を！」をつうじて、「ＮＰＯ・森林ボランティアには無限の可能性がある」ことを確信したという。土佐の森・救援隊のような10人規模で１００ｔの林地残材を搬出できるボランティア団体がいくつも結成されれば、１０００ｔも１万ｔも収集することができる。しかも、そのような団体を新たにつくることは、それほどむずかしいことではない。というのも、松本さん自身、すでに自伐林業をめざす森林ボランティア団体をいくつも立ち上げてきた経験があったからである。

●地域通貨導入の経緯

ＮＥＤＯの事業の１年目は、ｔ当たり３０００円の買い取り価格であった。それでは安すぎるという声があったので、２年目から、現金３０００円に加えて、二酸化炭素削減に役立っているという理由づけをして「環境支払い」という名目で、仁淀川町が「エコツリー券」という地域通貨（１枚１０００円相当）を発行し（仁淀川町内の商工会で利用）、３０００円分上乗せすることにした。一方、土佐の森・救援隊の会員には現金ではなく、６０００円分の「モリ券」が支給された。「Ｃ材で晩酌を！」では、年間４００万円相当の地域通貨が発行された。

●「C材で晩酌を！」が成し遂げたこと

この仁淀川流域における林地残材収集運搬システムという「社会実験」がどのような成果を事実としてもたらしたのか、中嶋さんは次のように指摘している。まず、素材生産量が森林組合の2倍以上となったという事実である。そこから「大は小を兼ねないが、小は大を兼ねる」という「法則」を導き出している。すなわち、自伐林家が多くなれば大量生産や安定供給も可能となり、現在の林業政策が目標としていることをまったく別の手法で達成できることが実証されたのである。次に、若者がUIターンし自伐林業を始めたという事実である。それは、中山間地域における最大の資源である森林資源を生かすことによって、中山間地域への人口還流を起こすことができるという洞察を導き出した。「C材で晩酌を！」「軽トラとチェーンソーで晩酌を！」「木の駅」「薪の駅」など名称は各地でさまざまだが、土佐の森方式・林地残材収集運搬システムが成し遂げたことは次のように整理できる。

①森林のコモンズとしての価値の再創造

まず、地域通貨を導入することによって、森林のコモンズとしての価値を再創造したことである。本来はコモンズであるはずの森林が、現在、人の手が入らないことによって荒廃し、その結果、ほとんど資源としての価値を失い、ときには災害を引き起こして人びとの生活を脅かすようにさえなっている。それに対して、林地残材の収集運搬システムを構築することによって間伐を促進し、人の手が入ることで森林の多面的機能を回復させ、しかも、地域通貨を媒介とすることによって月々数万円から十数万円の副収入となる「小さな経済」を生み出した。言い換えると、農山村で暮らすうえでのセーフティネットとして森林や林業をよみがえらせたといえる。

②チェーンソーと軽トラック――身の丈にあったテクノロジー

次に、農山村の住民であれば、たいていもっているチェーンソーと軽トラックという必要最低限の機材をベースにしていることである。現在の林業政策において推進されている高性能林業機械の導入に比べると、チェーンソー、軽トラック、そして、小型ユンボ（バックホー）、林内作業車、軽架線などは、いかにも「ローテクノロジー」である。ところが、ローテクノロジーでありながら、高性能林業機械というハイテクノロジーを導入した大規模林産、中規模林産がなし得なかった林地残材収集運搬を達成したのである。このことから、森林整備の効果は、個々の機械の性能や効率性に左右されるのではなく、「C材で晩酌を！」に見られるように、広範な流域住民の思いを受け止め、その参加を引き出すような社会的システムの構築にかかっているのだといえる。言い換えると、誰もが参加しやすく、地域のソーシャル・キャピタルを増大させるような、身の丈にあったテクノロジーが重要だということである。高性能林業機械では、地域のソーシャル・キャピタルは増大しない。このことは、森林再生は森林と人びとの関係性の再生であるという考え方に立つと、よりいっそう理解されるだろう。

③木質バイオマスの薪利用という用途の開発

そして、興梠が自伐林業の第3期の特長として指摘しているように、間伐材・林地残材を木質バイオマス利用する途を拓いたことである。そのことによって、月々数万円から十数万円程の収

写真4-5　「生木」が燃える国産薪ボイラー（ガシファイアー）

入をもたらすことができた。さらに、木質バイオマス利用において、発電よりは、薪を用いた熱利用（薪ボイラー、薪ストーブ）が基本であること、また、林地残材や原木を用いたペレット製造やチップ製造は技術的な困難が大きく、安定供給ができないことを明らかにしたことは大変重要である。その経験から土佐の森・救援隊は、薪利用を推進するプロジェクトを新たに立ち上げることにしたのである。一つは、限界集落対策として、お年寄りへの薪の無料宅配事業であり、もう一つは、薪ストーブ用の薪づくりを主にする「土佐の森・薪倶楽部」の立ち上げであり、もう一つは、薪ボイラーの温泉施設への導入支援である。そこから、薪ボイラー導入の効果を発揮するためには、薪ボイラーには燃焼効率のよい「2次燃焼」構造が必須であり、なおかつ、林地残材や原木などの「生木」が燃やせる性能を備えていることが重要であることがわかってきた[10]。というのも、生木を燃やせることで、乾燥やストックヤードにかけるコストを大幅に減らすことができるからである（写真4-5）。

なお、ここで注意を要するのは、木質バイオマス利用は、小規模の薪利用が適合的であるということである。近年、大規模な木質バイオマス発電所計画が各地で見られるようになっている。しかし、5万Kw、10万Kwの発電所では、その年間に必要とされる木材燃料が、一つの県の年間の原木出荷量・素材生産量に匹敵するほどだといわれている。そのことから、それだけの木材燃料が確実に供給されるのか、また、供給されるとしたら、たちまちのうちに禿げ山だらけとなってしまうのではないか、という大きな問題を抱えている。木質バイオマス発電は地域に適合的な小規模であるべきであり、しかも熱利用を主にして発電は従という位置づけというのが、先進的なヨーロッパの常識であるといわれている。現在、計画され、すでに建設されつつある大規模な木質バイオマス発電所が、持続的森林利用を支えるシステムとなり得るか疑問であるというにとどまらず、「木質バイオマス利用」という美名の下での大規模森林破壊をもたらさないという保証はない。

④自伐による林業への新規参入の道を拓く

最後に、林地残材の収集運搬に人を雇っていては採算が合わないことから、森林組合や素材生産業者に施業を委託するのではなく、自分の山で自ら施業すること、すなわち、自伐林業の優位性が見直されたことである。そこにこそ、チェーンソーと軽トラックという身の丈に合った機材さえあれば、誰でも参入できるという「C材で晩酌を！」の真価が認められるといってよい。実際、土佐の森・救援隊の活動紹介のなかでよく取り上げられる事例であるが、不況のあおりで勤めていた会社が倒産しても、「C材で晩酌を！」に参加することでしのぐことできたという体験談もある（中嶋２０１２：81-82）。事業の最終段階では、全体量２０００ｔのうちの８割、すなわち、１６００ｔを小規模林産が出荷するようになっていた。３年間の事業実施期間の最後には小規模林産は70人にのぼり、最終年度の３月には１６０人までに達したという。すなわち、自伐による林業への新規参入に道をひらき、結果として、都市から中山間地域への人口環流を引き起こす可能性も見えてきたということである。この事実が、本章の冒頭で紹介したように、従来からの都市中心発想型の森林ボランティアを驚かせたのである。

このように「C材で晩酌を！」は「担い手」に注目した林地残材収集運搬システムとして構築された。まさしく土佐の森・救援隊がコンセプトとして掲げる「かつてはあたり前だった、自分の山は自分で管理する、自分ひとりで管理できなければ寄り合い（協働・地域コミュニティ力）で助け合う」ことを実現したのである。

（４）土佐の森方式・自伐林業

図４-２-①、②は、中嶋健造さんが講演でよく使う図である。この図から、「森林再生とは森林と人びとの関係性の再生である」ことがよく理解される。「現状の林業人口構造ピラミッド」（図４-２-

①では、林業に携わるのは「専業」の林業経営体がほとんどすべてであり、現在、全国で約4万人ほどであるという。その結果、そのほかの山林所有者や地域住民は森林・林業から距離が遠のいてしまっている。林業政策は一貫して「所有と施業の分離」を推進してきており、その究極が「森林・林業再生プラン」である。「森林所有者は林業への関心を失っており、森林管理能力がない」という認識に立ち、大規模組織林業経営体のみを重視して、そこに集約化するという政策である。

それに対して、土佐の森・救援隊がめざしているのは「本来の林業構造ピラミッド」（図4-2-②）の再構築である。自ら責任をもって森づくりをするための

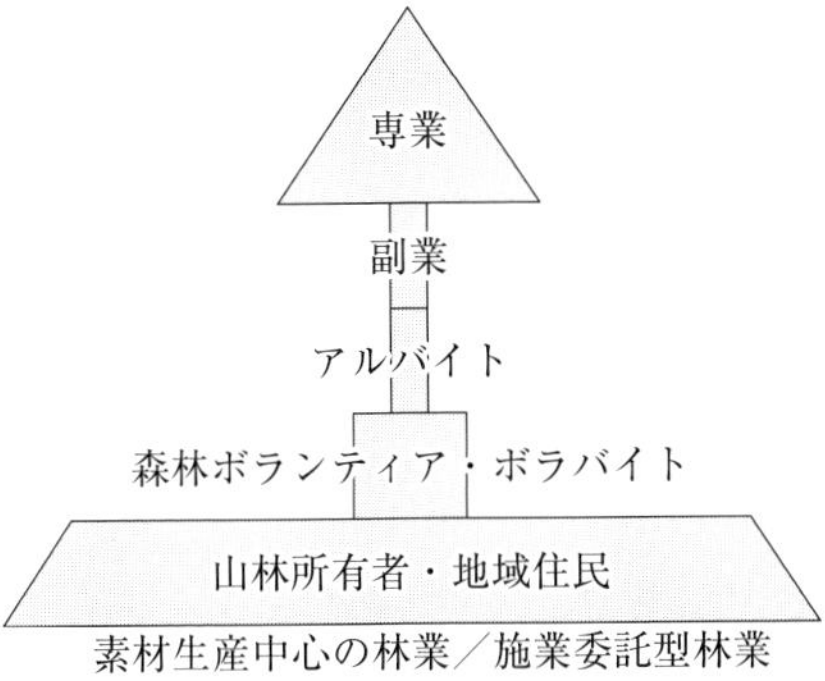

図4-2-①　現状の林業構造ピラミッド

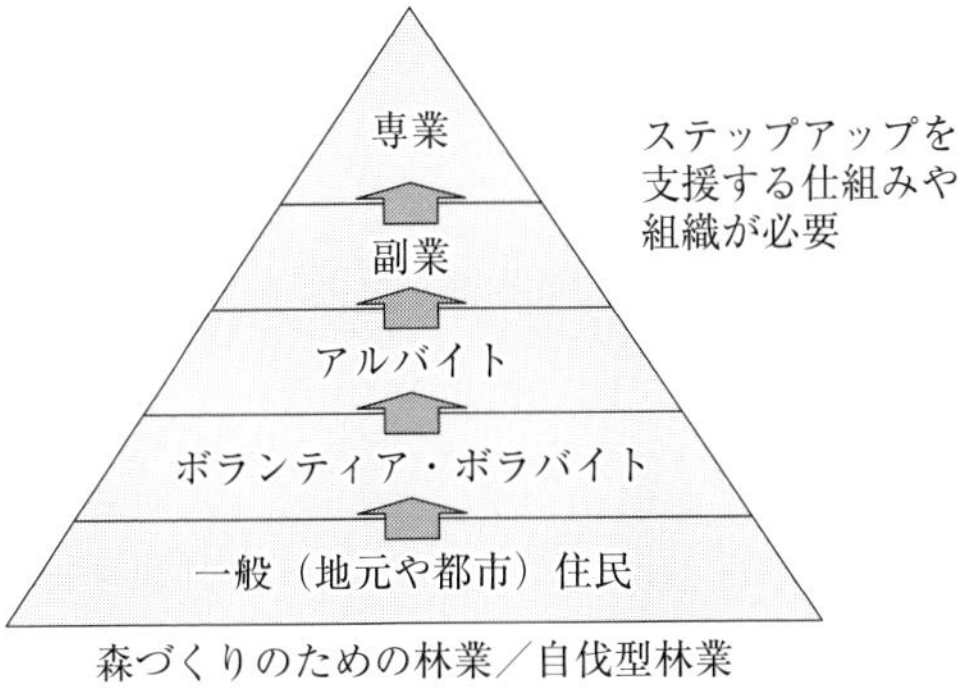

図4-2-②　本来の林業構造ピラミッド

「担い手」の形成に力点をおいていることがよく理解されるだろう。このように「C材で晩酌を!」とは、自伐林業による新規参入を促すために発案された林地残材収集運搬システムなのである。すなわち、それは「本来の林業構造ピラミッド」において「一般住民」が新規参入してステップアップしていくための入り口であり、そこから「副業」までの各段階での林業活動を下支えするものとなっている。新規参入はもちろんのこと、「専業」であっても、「C材で晩酌を!」のような支えがあればありがたいという声がよく聞かれる。

自伐林業をめざす森林ボランティアである土佐の森・救援隊は、「C材で晩酌を!」以外にも、さまざまに創意工夫して、この林業構造の再構築のための仕掛けをつくってきた。そのような関心から、土佐の森・救援隊のNPV活動である「森援隊」と「土佐の森・薪倶楽部」について、そして、新規参入支援プログラムである「副業型自伐林家養成塾」についてみていこう。

●NPV活動/森援隊(写真4-6)

2003年の設立以来の活動のなかで、もっとも土佐の森・救援隊らしいものをあげるとしたら、「NPV活動」だろう。「NPV」とは、「特定非営利活動ボランティア」を意味する、土佐の森・救援隊の造語である。土佐の森・救援隊は、設立当初から活動拠点において月1回(1泊2日)の定例活動をしてきた。それに加えて、山林所有者と協定を交わして、その山林の整備活動も継続的に行なってきている。このように一過性ではなく比較的長期にわたって繰り返される山林整備の活動は、持山がなくとも自伐型林業に取り組めるモデルとして、今後、いっそう社会的な関心が高まってくるだ

写真４−６　「森援隊」のNPV活動

ろう。

ＮＰＶ活動が最初に実施されたのは、２００６年、「三井協働の森」においてである。「三井協働の森」とは、三井物産、いの町、高知県の３者が協定を結んで、いの町有林（旧本川村高藪地区の約50ha）の森林整備を実施する事業である（２００６年５月から３年間。その後も更新されて継続的に実施）[11]。土佐の森・救援隊は、いの町から事業委託を受け、間伐および林地残材の搬出や社員研修を担った。近自然型作業道の開設もしている。また、２００５年４月から、土佐の森・救援隊を受け入れて活動拠点を提供した、いの町（本川地区）では、２００５年６月に「生き活きこうちの森づくり推進事業」（森林環境税事業）を立ち上げ、いの町有林「未来の森」を整備することにした（実施期間３年）[12]。いの町と土佐の森・救援隊の間で「未来の森」整備協定を結び、実施主体を土佐の森・救援隊とし、いの町は県助成に上積みして作業道や地域通貨に町単独助成を行なった。さらに、２００６年には、いの町と土佐の森・救援隊は「本川ファンド設置に関する協定書」を締結し、「本川ファンド」を創設した。いの町有林内の林地残材を担保として「モリ券」発行を保証し、森林ボランティア活動の継続性と地域の活性化を支援する趣旨である。それは、町有林という「コモンズ」が、地域通貨を媒介として、価値を再創造された典型的な例ととらえられる。

このように行政や企業との協働が進展するなか（土佐の森・救援隊はＮＰＯとして、その協働をつなげる役割を担った（加藤２００８））、２００７年に「Ｃ材で晩酌を！」が開始されると、ＮＰＶ活動も本格化し、２００８年度以降は、いの町内外合わせて毎年10か所前後の山林で展開されるようになった。そして、活動拠点が本川から佐川へ移った２０１０年度から２０１１年度にかけて、ＮＰＶ活動はさらに充実してくる。注目されるのは、２０１１年３月、このＮＰＶ活動を中核的に担う組織として「森援隊」（任意団体）が立ち上がったことである。メンバーは土佐の森・救援隊の主要メンバーと重なっており、設立目的は次のように記されている。

> ＮＰＯ法人土佐の森・救援隊の活動理念を基本に、同ＮＰＯが実践活動として企画・運営を行なっている「特定非営利活動に係る事業（助成事業に係るものは除く）」を継承する団体として発足した。主として森林証券制度（モリ券）の運用・普及、及び土佐の森グループ／ファミリー団体へ

の総合的支援（森林ボランティアリーダーの育成、教育研修事業）等々。

各年度のＮＰＶ活動の実施地を注にあげておく[13]。ＮＰＶ活動の３か月前に、１週間の活動予定地がインターネットのブログをつうじた会員向けニュースレターに発表される。そして、参加するメンバーは前日までに事務局に参加の意志を伝える。基本的に、週の月曜、水曜がＮＰＶ活動にあてられている。また、金曜には、同じくＮＰＶ活動である土佐の森・薪倶楽部がある。また、木曜にもＮＰＶ活動が入ることがある。土曜日曜が土佐の森・救援隊の活動日であることから、１週間をつうじてほぼ毎日活動していることになる。その結果、森援隊なども含めた土佐の森・救援隊の間伐材の出荷量は年間１３００ｔ（２０１３年度）となっている。

ＮＰＶ活動に参加すると、青モリ券（ガソリン10Lと交換）、白モリ券（１０００円相当のふつうのモリ券）、それに弁当の支給がある（弁当代も含めれば、４０００円相当）。さらに、軽トラックに林地残材を積んでチップ業者に搬入すると、重量に応じたモリ券を月締めで受け取ることができる。

●木の駅ひだか／土佐の森・薪倶楽部（写真4-7、8、9）

「C材で晩酌を！」は、林地残材収集運搬の担い手として小規模林産すなわち仁淀川流域一帯における自伐林業の潜在的な可能性を示した。その一方で、ＮＥＤＯの社会実験そのものは、木質バイオマス利用のあり方について大きな教訓を与えることになった。間伐材・林地残材や原木を原料にして、チップやペレットを生産し、発電用燃料とすることは、製材端材を原料とするのと違って、含水率が一定でないために技術的に大変むずかしいということ、また、工程が複雑なためにコストが高くなるということから、まったく採算ベースにのらなかった。木質バイオマス利用による発電は効率が悪く、そのことからも、間伐材・林地残材や原木の木質バイオマス利用は熱利用を優先するべきであり、原料の加工にはできるだけコストをかけないようにして、シンプルな薪利用にするべきであることがは

写真4-7　「新C材で晩酌を！」木の駅ひだかにて

写真4-8　「土佐の森・薪倶楽部」木の駅ひだかにて

っきりしてきた。他方、予想以上に「Ｃ材で晩酌を！」で林地残材が集まってきたので、それをＮＥＤＯプロジェクト以外にも用途を検討する必要が出てきた。そこで、土佐の森・救援隊では、チップ業者への出荷のほかに、薪利用のための流通システムを考案するようになったのである。

写真４−９　薪の宅配、本山町「たんころクラブ」
（提供：たんころクラブ）

　２００９年2月、「薪祭」を開催し、２０１０年、「限界集落対策」と位置づけて高齢者への薪の宅配サービスを始め、２０１０年11月、「土佐の森・薪倶楽部」を立ち上げた。そして、２０１２年4月、土佐の森・救援隊の拠点を日高村に移すと、その広い敷地をストックヤードとして活用し、「新・Ｃ材で晩酌を！」[14]や毎週金曜開催の「薪祭り」など、新たな事業が展開されるようになった。

「土佐の森・薪倶楽部」は、発足当初の会員は20名ほどであったが、２０１３年6月現在では約２００名となり、ＮＰＶ活動により、月間15ｔの薪を生産消費している。薪づくりもＮＰＶ活動として位置づけられており、薪づくりへの参加者へは、森援隊の場合と同様に、モリ券（弁当も含めて１日４０００

円相当）が手渡される。薪の宅配サービスを受けている薪ストーブユーザーは約70名であり、定例薪づくり活動は毎週金曜日10～20名の会員で行なっている。高齢者への薪の宅配サービスも、２０１１年から本格的な取組みとなり、２０１３年までに5次にわたって実施されており、ボランティア会員（10名）が約40世帯の高齢者宅へ、毎月２００kgの薪風呂用の薪（主として針葉樹）を無償で宅配している。

「土佐の森・薪倶楽部」設立の目的は次のとおりである。

森に残されている林地残材（化石燃料の代替エネルギーとなる木質系バイオマス資源）の有効活用に取り組むことを通じて、地域振興策の仕組みづくり、及びその実践活動を行ない、もって公益の増進に寄与することを目的とする。さらに、既存の木材流通システムにのらない薪および薪ストーブの普及促進を図るために、薪を使っている人、かつ、今後、薪を使っていきたいと考える人たちのネットワークづくりも行ない、会員同士での情報交換、交流を促進することで、薪利用の普及・促進、そして、薪のある暮らしの楽しさを共有することを原点に置く。

活動として、①木質系バイオマス資源の確保・活用、②薪の産直市の開催、③薪の宅配サービス、④薪利用者サロンの運営、⑤他団体との交流、⑥普及・啓発活動があげられている。

●副業型自伐林家養成塾（写真4-10、11、12、13）

先にみた「本来の林業構造ピラミッド」のように、自伐林業の裾野を広げるのが「C材で晩酌を！」であった。一方、チェーンソーを初めて手にする者でも自伐林業に新規参入できるようにプログラムを組んだのが「副業型自伐林家養成塾」である。一般には、林業は特殊技能を身につける必要があり、そのためには特別な条件を満たさなければならないという固定観念がある。そのような固定観念がますます人びとを森林から遠のかせることになり、林業政策や林業関連の活動や研究をブラ

写真4-10　副業型自伐林家養成塾、伐倒

写真4-11　副業型自伐林家養成塾、作業道づくり

写真4−12　副業型自伐林家養成塾、作業道・木組み

写真4−13　副業型自伐林家養成塾、土佐の森・方式軽架線と林内作業車（座学）

ックボックス化しているといえるだろう。都市住民の森林への理解を促進するための森林ボランティア活動、そして最近は「林業女子」というキャンペーンもなされるようになっているが、それらはあくまで、林業の外側に位置して、森林施業や林業経営そのものにまで視野が達するものではない。極

端な言い方をすれば、現状の林業構造を再生産する「補完的」なものにすぎない。引用を繰り返すと、次のとおりなのである。

「林業はプロがやるもので、一般人はなかなかできるものではない」という考え方が一般的ではないだろうか。当然全国の森林ボランティア団体も同じ気持ちで、林業に踏み込むような活動をするところはほとんどなかったと思われる。国や地方行政も、国民や森林ボランティ団代は、ネイチャーゲームや体験活動、植樹までで、林業とは一線を画し、間伐や材搬出はプロ集団の森林組合を中心とする専業企業体が実施するという大前提で施策を打っているといえる。（中嶋２０１２：22）

この固定観念にとらわれた現状を変革するためには、実践的な「入門講座」が必要であり、着実に自伐林業への新規参入を支援するプログラムがつくられなければならないだろう。実際のところ、各地でチェーンソー講習が実施されているが、しかし、そのほとんどは、文字どおりのチェーンソー講習にほかならず、それ以上に、山林に入って自ら伐倒して搬出するところまで、林業施業の全体を初心者に教えてくれるところはあまり見当たらない。

土佐の森・救援隊による副業型自伐林家養成塾が画期的な点は、まったくの初心者が自伐林業に新規参入するノウハウを身につけるプログラムを開発したことである。繰り返すが、森林ボランティアは、そもそも林業を本格的に担うことはめざしていないし、また、森林組合も素材生産業者も、現在のところ「自伐林業」をめざしてはいない。誰もが、森林（それがスギ・ヒノキの針葉樹林であろうが、ブナ・ナラの広葉樹林だろうが）に人の手を入れて、間伐を進めることの重要性・必要性は訴えるが、それではどうやって、その担い手を養成していくかという「ノウハウ」を示すことはしてこなかった。副業型自伐林家養成塾は自伐林業に立脚している土佐の森・救援隊だからこそ考案することができた新規参入プログラムなのである。また、そのようなプログラムであったからこそ、後で紹介するように、東日本大震災被災地における生業創出においても大きな効果を発揮することができたといえるだろう。

副業型自伐林家養成塾・第1期は、２００９年8月に開講した。尾崎正直高知県知事が土佐の森・救援隊の提案を受けて、森林環境税をもとに高知県単独事業として予算化したもので、正式名称は「高知県副業型林家育成支援事業」という。7か月35日間の研修である。この研修時間数をみただけでも、その本格ぶりは十分推測されるだろう。月に1回、土曜日曜の2日間にわたって、座学と実習を組み合わせた講習が行なわれる。そのテーマは、２０１２年度を例にあげると、次のとおりである。

第1回（9月21、22日）「チェーンソー技術」（チェーンソー取扱技能特別修了証を取得）、第2回（10月19、20日）「間伐」、第3回（11月16、17日）「作業道」、第4回（12月21、22日）「土佐の森方式・軽架線」、第5回（1月18、19日）「ユンボ、林内作業車等操作」、第6回（2月15、16日）「材木評価、木質バイオマス」、第7回（3月22日）「ドイツ林業、森づくり・地域づくり、土佐の森方式自伐林業」。参考として、注に、２０１３年度の全カリキュラムを紹介しておこう[15]。

ここで特筆しておきたいことは、自伐林家養成塾の月1回、土曜日曜の講座に引き続き、翌週の月曜、水曜、金曜のＮＰＶ活動に参加して、実践的な指導を受けることができることである。月曜、水曜は、森援隊の間伐および軽架線を用いた搬出への参加、金曜は、木の駅ひだかで開催されている土佐の森・薪倶楽部の薪祭への参加である（土佐の森・救援隊に入会すれば、ＮＰＶ活動への参加としてモリ券も受け取ることができる）。さらに受講生が希望すれば、その週以外のＮＰＶ活動にも参加できる。土佐の森・救援隊の自伐林家養成塾が画期的であるのは、このように、文字通り「実践」をつうじて技能を修得することができるようにプログラムが組み立てられているところにある。すなわち、月1回2日間の講習で学んだことを、引き続き、現場において反復練習することができ、共同作業をつうじて伐倒・搬出の経験を積むことができる。まさに、「習うより慣れろ」だろう。そのなかで、作業の手順、安全面への配慮も身につけるようになっている。

受講生の動向は次のとおりである。第1期は、高知県内各地や徳島県のサラリーマン、高松市の学生など研修生22名が受講。第2期は県外1名を含み、塾生（研修生）は24名。第3期は、県外（岡山・埼玉・兵庫・山梨・大阪）から12名、県内からは室戸市から土佐清水市までの21名、計33名。第4期は、県外（東京・神奈川・山梨・滋賀・京都・広島・鳥取・福岡）から10名、県内からは安芸市から四万十市までの24名、計34名。第5期は県内11名、県外から2名、計13名であった。

注目されるのは、第2期において、本山町に入っている地域おこし協力隊隊員6名が受講し、第3期では、これを機に自伐林業に新規参入した谷岡宏一さんが受講、また、四万十川流域で活動する「シマントモリモリ団」メンバーが受講している。第4期で、引き続き「シマントモリモリ団」メンバーが受講し、第5回では、本山町の地域おこし協力隊隊員2名のほか（本山町では、公募2期目の地域おこし協力隊で、林業をミッションにして隊員を2名採用した）、四万十市からも地域おこし協力隊の受講があった。注目されるのは、このように自伐林業が中山間地域に移住定住するための有効な手法として、若い世代の人びとによって取り入れられるようになっている点である。この副業型自伐林家養成塾をモデルとして、東日本大震災復興支援の生業創出が取り組まれた。内容は、チェーンソー講習、軽架線をつかった伐倒搬出、作業道づくりというプログラムを2回繰り返すのが一般的である。

以上が、設立当初から自伐林業をめざした、たいへんユニークな地方発現場発想型の森林ボランティア団体「土佐の森・救援隊」の概要である。この節のまとめとして、これまで土佐の森・救援隊が展開してきた活動がどういうものであったのか、振り返っておこう。

土佐の森・救援隊の活動は、活動拠点が置かれたところに応じて、大きく四つの時期に分かれる。また、第1期に至るまでの前史とでもいえる活動は、1996年に始まる。阪神・淡路大震災（1995年）を契機に、橋本大二郎高知県知事が森林ボランティア受け入れ団体の結成を呼びかけた。当時、森林局にいた松本誓さんは、1996年10月、「森林救援隊」を設立し、旧吾川村（その後、仁淀川町に合併）有林で活動を始め、1997年4月には「流域林業活性化センター」伊野事務所を拠点とした（松本さんの中村森林事務所への異動後、「によど川森林救援隊」と改称）。その後、松本さんは、県が森林ボランティア育成のために設置していた東津野村の「県立四万十源流センター」の運

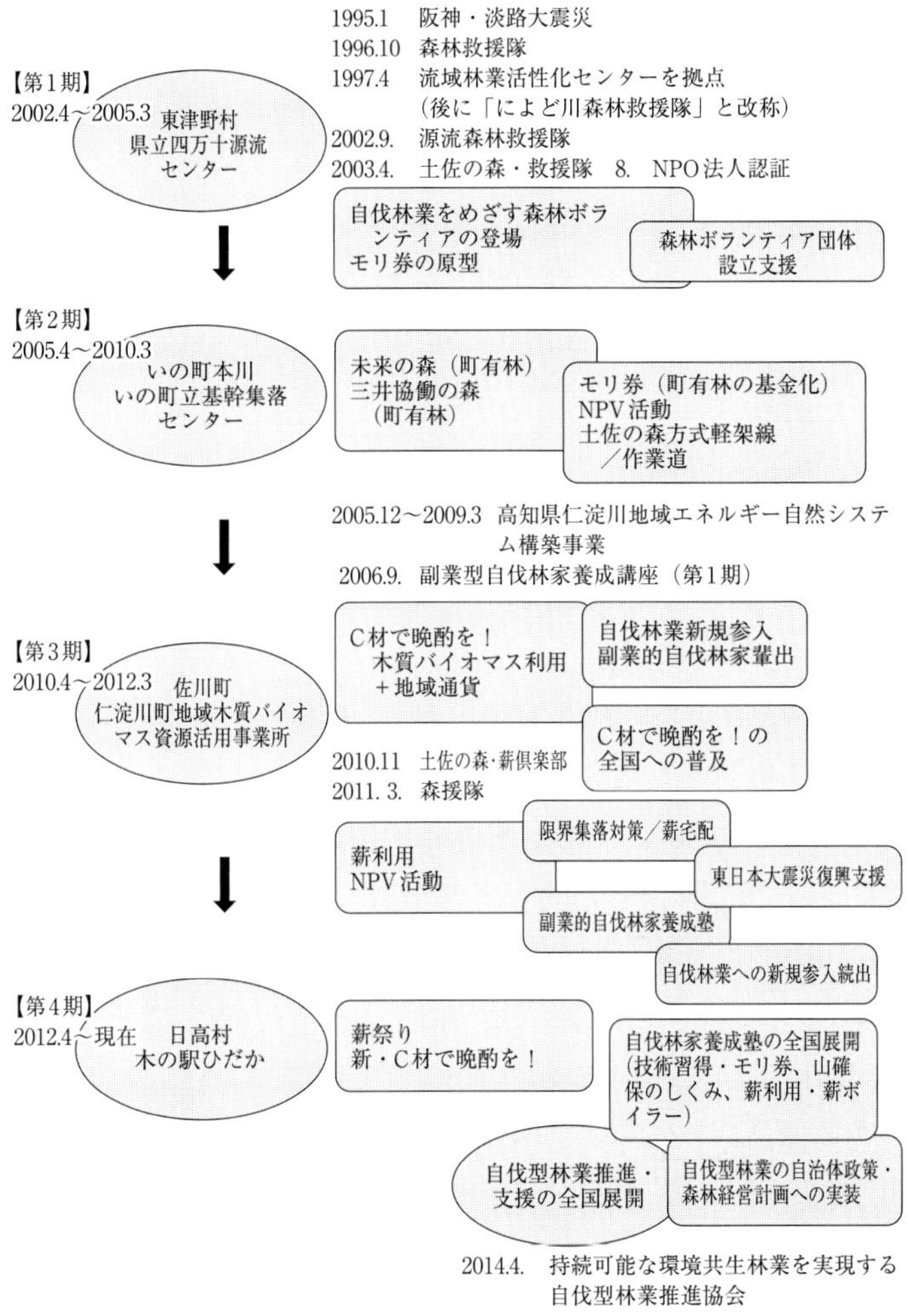
1995.1　阪神・淡路大震災
1996.10　森林救援隊
1997.4　流域林業活性化センターを拠点
（後に「によど川森林救援隊」と改称）
【第1期】
2002.4～2005.3
東津野村
県立四万十源流
センター
2002.9.　源流森林救援隊
2003.4.　土佐の森・救援隊　8.　NPO法人認証
自伐林業をめざす森林ボランティアの登場
モリ券の原型
森林ボランティア団体
設立支援
【第2期】
2005.4～2010.3
いの町本川
いの町立基幹集落
センター
未来の森（町有林）
三井協働の森
（町有林）
モリ券（町有林の基金化）
NPV活動
土佐の森方式軽架線
／作業道
2005.12～2009.3　高知県仁淀川地域エネルギー自然システム構築事業
2006.9.　副業型自伐林家養成講座（第1期）
【第3期】
2010.4～2012.3
佐川町
仁淀川町地域木質バイオマス資源活用事業所
C材で晩酌を！
木質バイオマス利用
＋地域通貨
自伐林業新規参入
副業的自伐林家輩出
C材で晩酌を！の
全国への普及
2010.11　土佐の森・薪倶楽部
2011. 3.　森援隊
薪利用
NPV活動
限界集落対策／薪宅配
東日本大震災復興支援
副業的自伐林家養成塾
自伐林業への新規参入続出
【第4期】
2012.4～現在
日高村
木の駅ひだか
薪祭り
新・C材で晩酌を！
自伐林家養成塾の全国展開
（技術習得・モリ券、山確保のしくみ、薪利用・薪ボイラー）
自伐型林業推進・
支援の全国展開
自伐型林業の自治体政策・
森林経営計画への実装
2014.4.　持続可能な環境共生林業を実現する
自伐型林業推進協会

図4−3　「土佐の森・救援隊」の活動の展開

営を任されることになり、そこを拠点に、２００２年９月、土佐の森・救援隊の前身となる「源流森林救援隊」を立ち上げた。そして、２００３年４月、「土佐の森・救援隊」を設立したのである（８月ＮＰＯ法人認証）【第１期：２００２年４月〜２００５年３月】。当初から、間伐によって伐倒した木材の搬出作業を積極的に行ない、県下各地の森林ボランティア団体に対する林業技術指導、運営助言など中間支援組織としての役割を担った。２００７年３月、県の方針転換によって四万十源流センターが民間の宿泊施設に変更されると、土佐の森・救援隊は活動拠点を、受け入れ態勢が整っていた、いの町本川に移した【第２期：２００５年４月〜２０１０年３月】。そして、「いの町立基幹集落センター」を拠点に町有林「未来の森」の整備活動や「三井協働の森」事業を担った。そして、２００７年から林地残材収集運搬システム「Ｃ材で晩酌を！」を開始し、２０１０年４月には拠点を佐川町に移した。【第３期：２０１０年４月〜２０１２年３月】。その後、ＮＥＤＯ事業の終了に伴い、拠点を日高村に移し、「木の駅ひだか」を開設し、現在に至っている【第４期：２０１２年４月〜現在】。その間、２０１１年３月11日に東日本大震災が発生し、その復興支援活動にも取り組むことになった。以上の土佐の森・救援隊の活動の展開を示すと図４-３のようになる。

４　自伐林業運動の展開

これまで、「自伐林業をめざす」文字どおりユニークな森林ボランティアとして土佐の森・救援隊の活動を紹介してきた。地域通貨と木質バイオマス利用を組み込んだ林地残材収集運搬システム「C材で晩酌を！」はたちまちのうちに全国に広まっていった。その動きを第一波とすると、現在、自伐林業運動は第二波に突入し始めたといえるだろう。そのことを中嶋健造さんが次のように語っている。

　われわれは自伐林業、自伐型林業を推進、拡大させるために、仁淀川町にて林地残材収集システムを構築し、脚光を浴びました。「C材で晩酌を！」とか「軽トラとチェーンソーで」等と話題を浴びました。

　その結果「木の駅」という形で、急速に広まりました。広まり始めたころは、ついに自伐林業も定着し始めたかと、わくわくしましたが、どうも若干違ってきました。いち早く取り組み始めたところは、話題となった「林地残材の収集システム（木の駅）」構築を目標に実施してしまったところが多いようです。ゆえに目的は、地域づくりの進展や地域自治に置いてしまいました。

　われわれの主目的は、山ばかりの中山間地域でその森林を活用した自伐林業推進や、それによる就業者拡大、地域林業再生、地域への人口還流等でしたが、残念ながら、それは置き去りにされ、目先の成果に走ったといえるでしょう。

　やはりこれは、一般地域は、林業による就業者拡大や林業再生は県や森林組合がやることと決めつけ、あきらめてしまっている現実があり、そこにメスを入れずに進めたことが反省として浮かび上がります。現実にわれわれはつねにそこと戦い続けてきていたのに。

　早すぎたために、こちらの本当の目的を理解せずに、いや、させることができずに動いてしまったのでしょう。われわれもそれに気づくのに時間がかかりました。しかし、おそらくこれも、自伐林業が広まるステップなのだろうと感じます。なかなか完璧にはいかないものです。

しかしその後、東北の大震災により切羽詰まった自治体や、じっくりとどうすべきか考えていた自治体が、自伐林業のもつ力に気づき始め、われわれと同じ目的を共有してくれるようになり、今動き始めた感があります。

「主役は遅れてやってくる」とよく言われますが、まさにその通りです。今まで動かなかった地域や一度失敗した地域がじっくり考え、動き始めました。島根の益田市、津和野町、高知の佐川町、宮城の気仙沼市、岡山の新見市と、自治体と地域住民がガッチリ協働して動き始めた感があります。じっくり構え準備万端・時機到来、あるいは捲土重来か。岩手でも秋田でも福島でも高知でも和歌山でも、さらに続々と地域が続くでしょう。また本格的な自伐林業チームも全国で続々生まれ始めています。

このような手応えを中嶋さんに感じさせる、地に足をつけた自伐林業の取組みが全国に展開し始めている。同時に重要なことは、森林をとりまく自然的及び社会的歴史的条件の多様さに応じて自ら施業し経営する創意工夫のなかから、自伐林業の新たな担い手たちのあいだに自伐林業の思想とでもいえるものが芽生えてきていることである。以下に、その一端を紹介していこう。

（1）土佐山中における自伐林業への新規参入——定年退職・Uターン

高知県仁淀川流域は、土佐の森・救援隊の第2期以降の活動拠点が置かれ、「C材で晩酌を！」やNPV活動が展開されてきた。土佐の森方式の自伐林業も、まず、この地域から本格的な取組みが立ち上がっている。

いの町吾北には、製材から建築（リフォーム・新築）までも手がけ、いわば副業型自伐林業に取り組んでいる安藤忠広さん（63歳）がいる。2007年、土佐の森・救援隊が、いの町本川で「未来の森」事業に着手したとき、畜産でユンボの操作に慣れていた安藤さんが作業道敷設を受け持ったことがきっかけだった。それまで営んでいた土佐赤牛の山地酪農と自伐林業は、生き物を相手にするという面で相通じるものがあるという。伐倒から製材そして建築まで一貫して取り扱うことで、山の木を材として生かしきる、木の文化を復活させたいという思いがつのる。そこで、吾北生産森林組合を立て直して山林80haをとりまとめ、2013年から木ノ瀬森林整備組合として事業を展開することにした。2012年に、自ら伐倒・製材した材で、若手設計士や地元の大工棟梁と組んで新築した「633美ハウス」は、副業型自伐林家養成塾の研修や視察グループの意見交換の場として利用されている。その経験を生かして、2013年には内装リフォーム2件、2014年には新築2件を手がけるようになっている（写真4-14、15）。

「C材で晩酌を！」は、仁淀川流域に自伐林業の新規参入者を輩出させた。愛媛県境に接する仁淀

写真４-14　製材する安藤忠広さん

川町の最深部にある旧吾川町の上名野川集落の片岡利一さん（72歳）もそのうちの一人だ。利一さんは、定年後、一足先に始めていた兄の片岡今朝盛さん（76歳）に続いて、自伐林業を始めた。そのうち、息子の片岡博一さん（48歳）も戻ってきて一緒に携わるようになり、２０１２年には「明神林業」を立ち上げた。このような片岡さんたちの動きに触発されて、上名野川では現在、５組10人ほどが自伐林業に従事するようになっている。

●明神林業

上名野川集落は、愛媛県と県境を接する仁淀川町の最深部、旧吾川村のそのまた奥にある。松山街道と交差する中津川渓谷の急坂な道を上ること８㎞（標高６００ｍ）、戸数約50、人口約70人の集落に

写真4-15　６３３美ハウス

たどり着く。まとまった平地がないため、家々や畑は点在している。上名野川で最初に自伐林業を始めたのは、片岡今朝盛さん、片岡利一さん兄弟である。まず、十数年前、兄の今朝盛さんが仁淀川町から間伐施業を勧められたのをきっかけに始め、その4年後、利一さんが続いた。その様子をみて、２００５年に、利一さんの息子の博一さんが高知市内から戻ってきて、親子で取り組むようになった。そして今朝盛さんの息子の盛夫さん（44歳）も今は父親と一緒に従事している（写真4-16、17）。

上名野川においても木材景気のときは林業は盛んで、集落に製材所が数軒あったほどだったが、その後、すっかり衰退してしまった。片岡利一さんは、会社を

写真4-16　上名野川集落

退職してから本格的に自伐林業を始めた。次男であることから、親から相続した山林は20ａと少なかったが、徐々に山を買い足し、小型ユンボや4ｔトラック、林内作業車など自伐林業に必要最低限の機材もそろえていった。今では約70haの持山がある。22万円／haの間伐補助金（始めた頃は４５００円／㎥）、３０００円／ｍの作業道補助金を組み合わせ、間伐施業を自分の山や地域の人の山で行なっている。年間10〜十数haを間伐しており、間伐補助金と原木の売上げの1割を山主に渡している。「Ｃ材で晩酌を！」が始まったときには、Ａ材を愛媛の久万の原木市場に、Ｃ材を土佐の森・救援隊が運営する佐川の土場に出荷した。

博一さんが林業をやるようになったの

は、８年前、父親の仕事を手伝ってみたところ、木を伐って売ればトラック１台10万円くらいになる、その一方で、当時勤めていた建築会社からの給与は不況の影響で月十数万円程であったからだ。そして、２０１１年には「明神林業」を立ち上げ、佐川町在住の青年と事務職員を雇用した体制を組み、森林経営計画策定にもとりかかるようになっている。事務所は母校上名野川小学校の空き校舎の一室に置いている。

片岡利一さんは、自分の山や地域の人の山で自伐林業をするにあたっての心得を次のように語る。

写真４-17　「明神林業」片岡利一さん、博一さん

「地域の人の山だから、地主に喜んでもらえるように、自分が見ても誰が見てもいいように間伐する。余計に伐れば、一発で首が飛ぶ。田舎だからすぐに広まってしまう。あれはいい仕事をするというような仕事をせんと、自分の目先のことだけすると、長く続かない」

博一さんも、「先を見た戦略。地域に貢献すれば、仕事もとりやすくなる」と続ける。退職後、山を買い集めていったことについて、利一さんに尋ねてみると、次のような答えが返ってきた。「わしの狙いは、木は誰が思っても、いま（値が）最低だから、確実に上がるじゃないかとみちょった。買いたいと思うたところは買うたし。あの山いいな、買おうと。売るというなら買いましょうと。自分のやりたいことはやった。ひとつも悔いはない。はやくいえば、好きなんです。儲けになるから買おうというのではない。好きだから」

利一さん、博一さんと語らっていると、その自主独立、自由闊達な精神に、こちらも鼓舞される。利一さんは、冬の猟期に入ると、猟犬を軽トラックに乗せて、広島の方（因島）にまで出かけるという。山村で暮らすということは、絶えず先をみて、与えられたことに満足してしまうのではなく、自らの生き方を探っていくことなのだろう。利一さんは、父親や叔父から次のような言葉を引き継いでると教えてくれた。

「橋をいくつも架けておかなくてはいけない。おやじは橋だったが、池川のおっちゃんは、水樋を架けよと。水樋とは、山から水を引くのに、小そうてもよいから、こっちからも樋を、あっちからも樋を、それを集めて大きい樋で入ってくる。そうやって金の入る道をつくれと、どれがつぶれてもいいようにと。それから、絶対無駄なことをするなと」

まさに生活上のリスク分散である。利一さん、博一さんが自伐林業を始めるようになったのも、代々伝わってきた生活の知恵が発揮されてのことととらえてよいのではないだろうか。それは「あるものを生かす」という知恵でもある。

利一さんは続ける。

「その大元をたどれば、イノシシ。イノシシから林業へいった。本職というか、会社に勤めながら、イノシシの養殖をしていた。32〜33年間、一昨年まで。多いときは１２０〜１３０頭くらいいました。出荷は11月から2月の終わり。そのうち70頭くらいを売ったら、そこそこは残ります。最初はスキー場がはじまりで、次がイノシシになって、そして、次が林業になって。（40年ほど前、上名野川にはじめてスキー場ができた頃、売店の手伝いをしたところ）ミカン箱に3箱、１０００円札が入る。これは儲かる仕事じゃと思いよったところに、すぐ隣にええ場所があるので売ろうという。そこを買うて家を建てて商売した」

　十年ほどスキー場での商売をした後、建設会社に勤めながらイノシシの飼育を続け、退職後、本格的に自伐林業を始めたのである。

「みてください、スギとヒノキしかありません。どうしてもこれでしか食う道はない。儲けはしないけれど、生活はできる。町では食うに困る人がいるというが、田舎では食うに困る人はいない。田舎におったら、ほんとの人間の生活ができる。のんびりとしてね、やれるでしょ。田舎には田舎のいいところがありますよ。田舎におっても、ご馳走は食えんけど、十分飯は食えますけ」

　博一さんが「明神林業」という会社を立ち上げたのも、この上名野川という地域をまもっていこうという思いからである。

「地域全体が動けば、たいていのことはできる。個々に立ち向かっていたらだめ、つぶされてしまう。土木も建築もだめになった。山では林業しか仕事ないのだから、なんとしても林業で」

そして、集落維持のため、見守り（福祉）事業も始めている。旧小学校校舎を利用して、冬の間、一人住まいのお年寄りが暮らせる場をつくっている。そこを拠点に炭焼きグループやおもてなしグループも活動を始め、地域の活性につなげようとしている。

「上名野川から生まれ育ってきた人間としては、上名野川を残しておきたいと思うのでは。ぼくらは、姥捨て山の方に注目した。限界集落で生活できないのか。そんなことはない。ぜんぜん生活できる。勝手に仕事がないと思って、勝手に田舎を捨てていった。高知まで1時間で通える。だから、限界集落というのは思い込んでるだけで、上名野川が最先端」

(2) 副業型自伐林家養成塾からの発展——若者たちの新規参入

２００９年から始まった、土佐の森・救援隊主催による「副業型自伐林家養成塾」の修了生のなかから、若い世代の自伐林家が生まれてきている。

たとえば、四万十川流域で自伐林業に取り組み始めた「シマントモリモリ団」の宮崎聖さん（35歳）、秋山梢さん（25歳）は、それぞれ第3期、第4期の修了生。土佐清水市竜串地域で、豪雨で山が崩れてサンゴが流出土砂に埋もれる被害が起きたことから自然再生事業に取り組んでいる浜口和也さん（33歳）も、宮崎さんと養成塾を訪れたことがきっかけで、「サンゴと森の救援隊」を立ち上げ、中嶋さんや橋本さんを講師に自伐林業研修を開催し、自ら作業道をつけるほどになっている。また、佐川町で自伐林業を始めた谷岡詠誌子《よしこ》さん（44歳）、宏一さん（19歳）親子は第2期の修了生。宏一さんは祖父から引き継いだ約40 haのヒノキ林に小型ユンボで自ら作業道を入れ、林内作業車を駆使しながら材を出すようになっている。本山町の地域おこし協力隊員として自伐林業を始めた、野尻萌生さん（27歳）、時久恵さん（29歳）、中井勇介さん（28歳）は第2期の、川端俊雄さん（40歳）、中西晋也さん（34歳）は第5期の修了生である。野尻さん、時久さん、中井さんは「吉野川源流・森林救援隊」を立ち上げて、自ら作業道をつけながら山林の整備を進めるとともに、「さめうら水源の森・木の駅」の地域通貨発行を担当したり、「たんころクラブ」を立ち上げて土佐の森・救援隊の薪の宅配を分担してきた。本山町では自伐林業を始めた地域おこし協力隊が多かったことから林業専門の公募をかけたところ、それに応じたのが川端さんと中西さんである。２人は「もとやま森援隊」へと組織を発展させ、より自伐林業中心の活動を展開しようとしている。

いずれも、チェーンソーに触ることさえ初めてという、まったくの初心者から始め、チェーンソーによる伐倒はもちろん、林内作業車や軽架線を用いた搬出、さらにはユンボを操って作業道の開設さえできるようになっている。それでも新規参入できるのが、自伐林業なのである。むしろ、既存の林業の「先入観」がないからこそ、素直に自伐林業を始めることができたといってよいだろう。自ら工夫することのなかに楽しみを見出し、森づくりや森業としての永続的林業経営に「やる気」を抱いている。そこには、たんに素材生産のためにオペレーターとして高性能林業機械を操作しているのとは異なる、若い世代の人びとが今後担っていく森林・林業の未来がイメージされるのである。

写真4−18　「シマントモリモリ団」の面々
（提供：シマントモリモリ団）

●シマントモリモリ団（写真4−18）

シマントモリモリ団は、2011年秋に、宮崎聖さんが副業型自伐林家養成塾・第3期に参加したことが発端だ。きっかけは、2011年2月に仁淀川町で開催された「百業づくり全国ネットワーク大会」[16]で、上名野川の自伐林家、片岡利一さんの発言を聞いたことからだった。「年間で間伐材を1万㎥出荷する」という発言に会場がどよめいたという。それまで宮崎さんは、実家の木工加工業に従事しながら、四万十川の自然環境を生かしたカヌーのインストラクターやエコツーリズムのツアーガイドに携わったり、コテージ風の農家民宿を営んできた。しかし、天候に左右されて、経営の安定性がない。そこで、もっと堅実な事業ができないかと探していたところであったたけに、利一さんの発言は衝撃であった。

すぐに土佐の森・救援隊の中嶋健造さんを訪ねて自伐林業について話を聞くと、納得のいくことばかりだった。自伐林業なら「投資もかからないし、在庫ももたないでいい」と、直感的にいけると思ったそうだ。そして、副業型自伐林家養成塾にさっそく参加したのである。木工はやっていたものの、チェーンソーはまったく素人だったし、木を倒したこともなかった。しかし、祖父は製材業を営んでおり、幼い頃に自分の周囲に丸太材が多くあったことは覚えている。もともと屋外で身体を動かすことが好きで、山仕事はあっている。自伐林家養成塾に通いながら、森援隊のNPV活動にも参加して経験を積んだ。

2012年、シマントモリモリ団として最初に取り組んだのは西土佐の山だった。その年、同じくシマントモリモリ団の秋山梢さんが自伐林家養成塾・第4期に参加した。そして、2013年からは、自宅近くの四万十川の佐田の沈下橋にほど近い、通称「佐田の山」5haを借りることができ、そこを拠点に活動を展開し始めた。砂防ダムもあるむずかしい地形であったが、徳島の自伐林家、橋本光治さんに指導をあおぎ、谷をわたるための「洗い越し」もこしらえながら、自分たちで作業道を開設した。ユンボは四万十市のロータリークラブがリースで提供してくれた。若い世代のやる気に対するエールだろう。知り合いに尋ねてみれば、みんな山をもっているという。宮崎さんが地元の青年で、しかも、交際範囲が広いことが山林の確保に役立っている。自宅のすぐそばに、もうひとつ5haの山林が見つかった。四万十市の地域おこし協力隊も自伐林業に積極的であり、連携して山林整備の研修を積み重ねていくつもりだ。

「これしかないと思いましたね。やればやるほど、中嶋さんが言ってることが身にしみてわかります。そのとおりだと。いちばんぼくがいいなと思うのが、自伐林業中心に副業が生きてくるということ。すごく実感しているんです。ぼくは観光業やってきて、いろんな副業やってきたんですよ。でも、やっぱり、いまひとつなんです。趣味にちょっと毛が生えた程度。中嶋さんが言うように、原木出荷を中心にすると、まわりが復活してくる。それをひしひしと感じる。ほんまにここは夏だけなんですよ。民宿も夏はいっぱいだけど、冬はゼロ。それから、観光業は夏なんで、やっぱりリスクが大きいですね。でも、山の仕事は冬なんで、広がりがどんどん冬に来てるのを実感してます。観光業は副業として林業と組み合わせればうまくいくし、夏やってるところは、冬、林業やったら、余裕でいきますよ」

「中嶋さんが言うように、昔、林業が中心にあったというのもすごく感じるんですよ。そして、副業的に漁業とかで補っていたのではないかと思います。思いますもん、山が落ち着いたら、漁業もやろうと。夏はエビとって、アユとって、春は青ノリとって。ぼくが子どもの頃はいっぱいましたね、ウナギもエビもどこの川でも。隣りのおっちゃんもずっととりにいっていた。エビは、仕事おわってきて、夜つけて、朝、仕事行く前にあげて。だから、林業やっていくと、まわりがみんな生きてくる。それを一番、ぼくは感じてる。単純におもしろいですけど、木を伐って出すというの」

こうして、豊かな川に支えられながら、森を復活させる夢を語り合う。やる気さえあれば自分たちの力でそれが実現できるという手応えを感じ、同じ思いの仲間が、違う出身地からも集ってくる。自分でユンボを操り作業道をつけながら山林を整備し、そのあいだに、シイタケ栽培をし、炭焼きをし[17]、川遊びをし、漁を教わったりもする。シマントモリモリ団は、副業型自伐林業を軸に森と川に生かされる暮らしを仲間とつくっていこうとしている。

（３）東日本大震災被災地における復興へ向けた生業創出

土佐の森・救援隊が東日本大震災の復興支援に駆けつけたのは早かった。２０１１年３月12日に薪をテーマとした講演会を高知で予定していたところ、講師の岩手県遠野農林振興センターの深澤光さんが11日移動中に東日本大震災は起きた。深澤さんはＪＲ福島駅近くの避難所に３日間滞在した経験から、避難所における給湯支援を決意し、そのサポートを土佐の森・救援隊に要請したのである（深澤２０１２）。４月１日、土佐の森・救援隊は、薪ボイラー２台をトラックに積んで大槌町吉里吉里に入り、吉里吉里小学校の避難所で風呂支援を始めた。そのとき、瓦礫木材から薪をつくろうという声があがり、５月15日、「復活の薪」が立ち上がった。津波で瓦礫となった家屋の木材から薪をつくり、米袋に詰めて１袋10kgで５００円で買ってもらう取組みである。全国から５０００袋の注文を受けて、９月末までに完売した。その中心にいたのが、吉里吉里区災害対策本部で在宅避難者への物資配給を担っていた芳賀正彦さん（66歳）であった。芳賀さんは、中嶋さんから林業をやる気があるかと問われ、あると即答した。というのも、復活の薪の材料となる瓦礫がいずれはなくなることを見越

写真4-19　「復活の薪」

写真4-20　津波による塩害木を伐倒し、
軽架線で搬出するNPO吉里吉里国

していたからである。津波直後から、海はきっと蘇ってくるに違いない、それまでは、先祖が植えていった山林で仕事をつくっていこうと決断したのである。5月15日に復活の薪を立ち上げると、そのわずか半月後の6月に「吉里吉里国・林業大学校」を開講した。そのような経緯があったので、9月末に「復活の薪」が終了すると、10月からすぐに山での活動を始めることができた。そして、12月27日、NPO法人吉里吉里国が設立された（写真4-19、20）。

> 私たちは、吉里吉里地区を愛する有志達が、津波災害復興に向けて新たな雇用の創出と、経済復興に関わる地域主体の取り組みを地元住民と一体となって地域再生に取り組むものです。地域の環境を育む森林資源を有効に活用しながら、吉里吉里の森はやがて海の再生へとつながり、この活動が次世代に残していく活動になり、地域社会に寄与することを目的とします。（設立趣意書）

事業として、①「復活の森」プロジェクト、②自伐林業の普及、③薪文化の復活・継承、④森林教室の開催をあげている。

２０１１年10月、吉里吉里の林業大学校の研修の現場に、伐った材を馬で運び出す「馬搬」が現れた。被災地支援活動に関わっていた岩間敬さん（35歳）、伊勢崎克彦さん（39歳）は、遠野に伝わる馬搬を継承しようと、深澤さんに勧められて２０１０年に「遠野馬搬振興会」を立ち上げていた。岩間さんは語る。山に今のような道がなくても、昔の人には馬が通る道が見えていたのだろう。山にダメージを与えずに、木を出す技術があった。風力、火力、水力、そして、馬が草を食べて馬力にしてくれる、と。一方、伊勢崎さんは、馬搬と自伐林業を組み合わせて、実家のある集落一帯の山林を整備していこうという思いを抱いた。そうしないと、森が川が田畑がもうもたないのだ。趣味のハンググライダーによる空撮写真をもとに、地形に応じた土地利用について考える。緩やかな山に囲まれるようにしてある水系の一帯を地域資源の最小単位ととらえて、そこを馬搬の森として整備していきたい。そこにつらなる水田では自然栽培米をつくる。その流域の一角に、重要文化財の曲がり屋「千葉

写真4-21　「吉里吉里国・林業大学校」に現れた「馬搬」

（提供：深澤光）

家」がある。その保全修復に必要な草地や茅場、山林を遠野の馬文化を継承していきながら再生していく。生業の中心に自伐林業を据えることで、自分たちの持続的な暮らしづくりと文化的景観の保全再生とを重ね合わせて構想しているのである（写真4-21、22）。

津波被災地では吉里吉里のほかでも自伐林業による取組みが始まっていた。気仙沼市では、めざすべき将来の姿について震災復興市民委員会で話し合い、被災時に電気もエネルギーもなくて苦労したことから、地域でつくれるエネルギーが構想された。漁業の町といえども7割ある山のエネルギーを里の復興に使って豊かな循環をつくりだそうと提案された。市民委員会によるその提案を実現するためのリーダーとなったのが、代々漁船燃料や給油事業を営んできた気仙沼商会の高橋正樹さん（51歳）である。15ある営業所のうち13が被

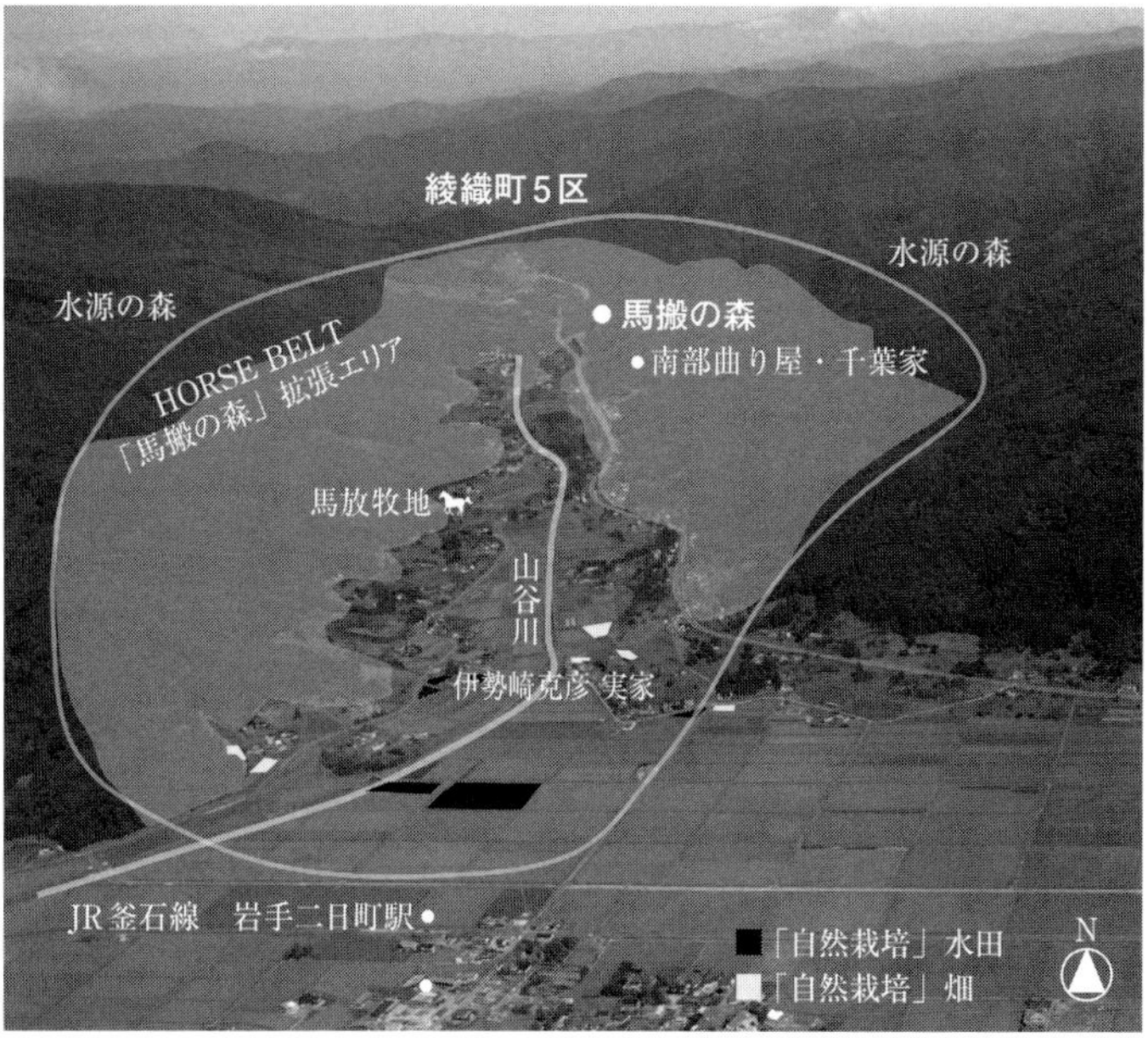

写真４−22　遠野「馬搬の森」山谷川利用計画全景（提供：伊勢崎克彦）

災したなか、残る二つの営業所で緊急車両や一般車両への給油体制を担った。木質バイオマス事業はまったくの手探りであったが、２０１２年４月に「気仙沼地域エネルギー開発株式会社」を立ち上げ、総務省「緑の分権改革」を導入して調査事業から始めた。そして、７月に土佐の森・救援隊の中嶋さんを講師として森林フォーラムを開催し、自伐林家養成塾を実施したところ、約１００名の受講があった。そして12月に間伐材・林地残材の買い取りを始めると、林業がないといわれていた気仙沼でありながら、初日で約40ｔもの材が集まった。それから５月までの半年のあいだに、多い日には80ｔを超え、全体で８００ｔの材が集まった。仁淀川流域で土佐の森・救援隊が実施した「C材で晩酌を！」に迫る勢いである。先入観にとらわれない、担い手に着目した林地残材収集運搬システムとしての優位性がみてとれる。もちろん地域通貨も導入し、１㎥当たり、現金３０００円に加えて、復興商店街など地元１８０余店舗で使える地域通貨「リネリア」（１枚１０００円相当）３枚と交換する仕組みである。発行した地域通貨は４００万円相当にまでのぼり、これほど大量に地域通貨が出回るのも「C材で晩酌を！」以来のことである。地域通貨は好評で、現金より全額地域通貨で支払ってほしいという声も出ているほどである。本格的にこの事業が動き始めると、１年間で収集される間伐材・林地残材は約１万ｔで、その結果、地域通貨は３０００万枚流通することになる。一般的に各地の「木の駅」などでは20万円程度であるのに対して、この規模の地域通貨の流通が起きてこそ、実際に地域経済に与える影響もみえてくるだろうと期待される（写真４−23、24）。

一方、発電設備については林野庁「木質バイオマス施設整備事業」に採択され、小型発電発熱プラントに取り組むことになった。２０１４年３月稼働の予定で、熱は近隣の二つのホテルで温水・冷暖房利用し、電気は固定買い取り制度を用いて売電する。木質バイオマス発電プラントの発電規模は８００Kwであり、必要となる材は年間８０００〜１万ｔとなる。計画では５０００ｔを自伐林家から、３０００ｔを森林組合など組織林業事業体から供給する。固定買い取り制度のための間伐証明は、気仙沼市役所が発行できるようにした。仁淀川流域での経験から、自伐林家の出荷を確保しておくことが重要である。２０１３年には、初級者向け講座と併行して、前年度に研修を受けた人たちからチームを編成し、重点的な指導も始めている。そこから、「八瀬・森援隊」など、「部分林」（分収を目的とした、名義上は気仙沼市有林の集落共有林）で活動する自伐林業チームが生まれてきている。今後は、自伐林業チームが多く出て継続的に活動できるように、「気仙沼地域エネルギー開発」と気仙沼

写真４-23　気仙沼市・八瀬地区の共有林での自伐林業の打ち合わせ

写真４-24　気仙沼地域エネルギー開発株式会社の「土場」

市が連携し、市有林や集落共有林を活用するための地域林業コンサルタント的な機能を充実させることが重要な課題となってきている。

●ＮＰＯ吉里吉里国

「復活の薪」に取り組み、自伐林業による生業を創り出し、新たに「大槌自伐林業振興会」を立ち上げて森林経営計画に着手しようとしている芳賀正彦さんは次のように語る。

「3・11から私たち被災者は、2週間は生き延びる期間、4月いっぱいは行方不明者の捜索の期間、そして5月に入って瓦礫撤去が始まった。瓦礫撤去をするようになって、ボランティアが活動するようになった。4月1日はまだ、おれにとっては生き延びる期間だった。地下タンクからガソリンをくみ上げて、帰ってきたら、風呂に入る気力もなく、寝袋で寝るだけだった（4月1日から、土佐の森・救援隊は風呂支援を始めた）。

　復活の薪をやろうぜと避難所で呼びかけて集まった人たちに、どうせ瓦礫はなくなるのだから、この手つかずの人工林に入って山の間伐しながらなんとか生業づくりができるのではないかと提案した。自伐林業という言葉はそのときは知らなかったけど、みんなの同意はできていた。9月に入って、やっぱり、瓦礫、木造住宅の廃材はなくなってきた」

「自伐林業に立ち上がってる一人ひとりはなんもない。山の中でふつうのあたりまえの人間が汗流して報われる、喜び、誇りを感じられるような国になりたい。ＮＰＯ法人吉里吉里国は、名もない被災者の集まり、被災地の被災者の集まりです。50年先に植林したものが金になる。いちばん魅力あるのは林業だと思う。おかげで堅調に進んでいますから、吉里吉里国の実力で森林経営計画つくれますよ。常時、山に入るのは、6～7名。林内作業車も2台になったし、先週、新しい軽架線セットも来ましたから。

薪祭を11月にする。いろんな薪ストーブ陳列して。ブリキでつくったロケットストーブ、深澤さんの蓄熱ストーブ。深澤さんがピザまきをする。全国初ピザまき大会。馬も、岩間さんも伊勢崎さんもくる。100人くらいに来てもらう。大槌、吉里吉里の若手団体、みんな共催に加わってもらった。教育委員会とか公民館とか書ききれないほど。こういうことからしか始まらないと思う。私たちも津波があったから立ち上がった。津波がないところも、大槌にいっぱいあるでしょ、釜石にもいっぱいあるでしょ。おれらもそういうところに住んでいたら、里山林の惨状がわかっていても、たぶん立ち上がらなかった。何もかもなくしたから立ち上がった。だから、よほどの思いと覚悟がないと、自伐林業で立ち上がる人はまだまだだと思う、この田舎では。ほんとにおれらが、金になるよということを示していかないと。だから、いまは辛抱のしどきなんです、吉里吉里国は。最初の辛抱のしどきは、津波瓦礫で薪をつくったとき。こんどは、山に入ろうといって、それが慣れてきた。やっと食えるようになった。ずっと先々見越した活動するようになってきた。吉里吉里国は自伐林業と薪。あと、林業大学校と森林空間を利用した何か」

「仮設住宅に住んでる人は大変だろうけれど、大丈夫ですよ、いい町にできますよ。美しい町。それは、よそのコンサルタント会社につくってもらう町でないよ。大槌の人たちが知恵を絞り、汗流してつくった町は、美しい町ですよ。偉い人たちとか、恵まれた金でつくられた町は、ハコモノ。思いがこもってないですよ。ここに住んだ人たちの思いがこもって、愛がこもってないと、町並みは守れませんね。昔の開拓部落がそうでしょ。掘っ立て小屋でも守るでしょ。それがほんとの復興。そういう道筋をみんなでつくっていかないと。波板トタンの屋根でもいいでしょ。薪ストーブがあって。おれらでつくった町並みだと。都会と比べる必要ない」

「（福岡県旧志摩町の）漁師の息子が、（大槌町吉里吉里の）漁師の娘と結婚した。小学校３年生のとき、船から投げられて泳ぎを教えられた。小学校３年のときには潜ろうとしたけど、お尻が上がって。小学校４年のときは、２～３ｍ潜って、砂をつかむことができた。小学校５年くらいに、ウニをやっととった。小学校６年、中学校に入る前の夏休みには、なんとか息をとめてアワビを捕った。そのうれしさは、人と比べたうれしさですか。おのれに対して得る、誇りでないですか。そういうことを今の子どもたちに味わわせたい。学校でクラスメートよりいい点とったとか、運動会で人より速く走ったとか比べるのでなく、海に潜るというのは、まさに自分自身との闘いでしょ、そうでしょ。同級生が、去年、アワビ採れるようになったかもしれないが、自分は１年遅れて今年採れた。なんの憂いがあるでしょうか。それがゆるぎなき勇気、自信、誇りでないですか。海辺の子どもたちに、漁師の子どもだけでなく、みんなに味わわせたい。山でも森でも同じように、子どもたちと森林教室やりたい。鉛筆とかノートとか持ってこなくていい。そこからしか、ここに残る後継者は育たない。ひとつの国ができる。掘っ立て小屋の町並みでもいいじゃないですか。自分たちでつくった町なんだと。

それがいちばん美しい町、生き方なんだと、津波が教えてくれた。ほんとの海とか山とか喜びを知ったら、一人二人と帰ってくる」

（４）自治体政策からの自伐林業推進

島根県益田市では、２０１３年度に、自伐林業を軸にした市有林整備と温泉施設への薪ボイラー導入の検討委員会を立ち上げ、２０１４年度予算に向けた施政方針で、次のように明確に自伐林業推進を自治体政策として打ち出した。

> 森林資源、木質バイオマスを多面的に活用する域内循環の仕組みづくりを構築するため、自伐林業の展開について積極的に検討する「森林資源・木質バイオマス活用事業」を実施します。併せて、匹見峡温泉への木質バイオマスボイラーの導入を進めるとともに、美都温泉についても導入に向けた検討を進めます。

市有林における直営班を自伐林業に再編して、それをモデルにした自伐林業グループの育成を目標に掲げている。隣接する津和野町でも３年前から間伐材・林地残材の収集に取り組み始め、２０１３年度には１０００ｔを超す出荷があった。その実績をもとに、同じく自伐林業推進を自治体政策として掲げるようになっている（写真4-25）。

高知県佐川町は、仁淀川の中流域、江戸時代からの交通の要衝である。植物学者牧野富太郎を生んだ土地であり、土佐の銘酒「司牡丹」の蔵が並ぶ、歴史の蓄積が感じられる町である。その町に、２

写真4-25　益田市講演会にて挨拶する益田市長

写真4-26　佐川町「司牡丹の森」で活動する「森援隊」。地域おこし協力隊による見学

013年10月、自伐林業推進を公約に掲げた町長が誕生した。さっそく、2014年度予算として自伐林業関連事業3848万円を確保し、町有林における自伐型林業モデル構築のために地域おこし協力隊を5名採用するなど、自伐林業をつうじた地域振興に本格的に取り組み始めている（写真4-26）。

　このように中山間地域において最大の資源である森林を活かすために地域振興策として推進し、それが同時に、雇用機会の拡大となって移住定住促進にも繋がることに気づいて、自伐林業を自治体政策のなかに取り入れる自治体が出てきている。

一方、広島県北広島町では、２００８年「北広島町生物多様性の保全に関する条例」を制定し、生物多様性にもとづく地域づくりを推進している。そのために生物多様性キャラバンを組織して、縦割り行政の壁を超えてボトムアップで「生物多様性きたひろ戦略」を構築した。それまでも北広島町では、町立博物館「芸北・高原の自然館」を拠点に草原再生や湿地再生の取組みを積み重ねてきており、ＮＰＯ法人西中国山地自然史研究会と連携した雲月山の山焼き復活（２００５年）はその大きな成果である。そのような活動をつうじて、人の手が入ることで生物多様性が保持されるという「里山」の再生は、住民の生活や経済という日常的活動をつうじてこそ達成されると、住民のあいだでも認識されるようになってきた。そこで２０１２年に、「Ｃ材で晩酌を！」にならって「芸北せどやま再生事業」をＮＰＯが中心となって立ち上げた。「せどやま」とは「背戸山」すなわち「裏山」であり「里山」のことである。広葉樹を主体にした薪生産に重点をおいていることに特徴がある。これまでの補助金による「里山整備事業」は、里山を公園のようにきれいにするものの、整備された材は積んでおかれるだけで活用されていなかったからである。そして２０１４年には、このような住民の動きに続いて今度は、北広島町芸北支所が町への提案事業として「薪活！」に取り組むことになった。「薪活！」とは「薪の活用、薪のある生活、薪を活かした地域づくり、薪による地域の活性化」のことで、第三セクターの宿泊施設への薪ストーブ・薪ボイラー導入、家庭への薪ストーブ導入補助や薪利用の事例紹介などをしていくことにしている。

このように、自然再生をめざす地域住民の活動をもとに、自治体が政策のなかに「生物多様性」という理念を打ち出し、さらにそれを実体あるものとするために、住民が里山再生と経済活動を結びつける事業を立ち上げ、それをまたバックアップする事業を自治体が実施するという、住民とＮＰＯと行政の協働のうえに地域内循環をつくり始めている。その結節点としてあるのが自伐型林業であり、薪利用による木質バイオマス利用である。「生活のなかでの利用」をつうじて生物多様性に富む森林を再生し、そのことで豊かなまちをつくりだそうとしているのである（写真4−27）。

写真4−27　北広島町芸北の「薪活！」

本節でみたように、東日本大震災からの復興を自伐林業による生業創出をつうじて達成しようとしている人びと、自伐林業への新規参入をつうじて森林に基盤をおいた生活をつくりだそうとしている若い世代の人びと、そのような動きを基盤とした地域再生の可能性に気づき始めた小規模自治体、このような自伐林業の取組みのなかに、生活に根ざした思想が胚胎されているように思われる。

すなわち、自伐林業に取り組む人びとは、自らの林業経営に創意工夫を重ねることをつうじて、森林と人とのあるべき関係性を探究していっているといえるだろう。そこで、次に、そのような自伐林業の営みに理論的支柱を提示しているといえる、二人の方の実践から学ぶことにしよう。

5　未来につなげる「責任ある林業」

(1) 自伐林家・橋本光治さんに学ぶ

土佐の森・救援隊による「副業型自伐林家養成塾」や各地での講座では、作業道づくり研修の講師として、徳島県那賀町の橋本光治さんを招聘する。その講義の狙いは、作業道づくりの技術修得はもちろんのことだが、その根底において橋本さんの林業を支える経営理念について、受講生が受けとめ自ら考えることを促すことにあるといえるだろう。橋本さんの林業経営は「限られた森林の永続管理と、その限られた森林から持続的に収入を得ていく林業」であり、「地域に根ざした環境保全型林業」であって、土佐の森・救援隊がめざす自伐林業のモデルとして位置づけることができる。そこで、なぜ、今自伐林業が取り組まれ、定着し、広まっていくことが求められているのか、自伐林家養成塾の受講生と同じく、橋本さんの林業経営を学ぶことをとおして確認していくことにしよう（写真4-28、29、30、31、32、33）。

橋本さんの山林は、３団地に分かれるが（70ha、20ha、10ha）、ほぼ一つにまとまっている。人工林が8割、天然林が2割、明治40年代に人工造林が始められ、樹齢80年を超える林分が3分の1以上を占めている。天然林は、尾根筋、沢筋、急傾斜地に配置され、人工林を取り囲み、人工林を保護するかたちになっている。天然林では、アカマツ、モミ、ツガのほか、スギ、ヒノキも成立し、気象被害を受けて伐採されたスギ、ヒノキでは２００年以上の年輪が確認されたものもみられる。広葉樹は、気候条件から常緑のシイ、カシ類が優先している。中・下層に常緑広葉樹が優先するようになると林内が暗くなることから、常緑広葉樹を除去し、コナラなど落葉広葉樹の育成を図っている林分が見られる。広域基幹林道が橋本林業の森林を通過しており、作業道と有機的連携が図られている（日本森林技術協会２００７）。

　橋本さんは、１９７８年に、それまで勤めていた銀行を退職し、婿養子先の林業を継ぐことにした。その決断は、次のような危機感からだった。当時、材の伐倒・搬出は業者に施業委託しており、その結果、樹齢１３０～１５０年、なかには１８０年の良質な大径木から先に伐られてしまい、このままいけば、橋本さんが退職して戻ってくる頃には、山から木がすっかりなくなってしまうのではないかとさえ思われたのである。ところが、退職して林業を継ぐことにしたものの、林業の経験はまったくなく、そのうえ、その年に祖父が亡くなり、多額な相続税を引き受けることになった。このような不利な条件を背負いながら、しかも、祖父から引き継いだ山林を荒らさずに維持するにはどうしたらよいか、夜も眠れずに思い悩んだという。そのとき、たまたま誘われて、大阪府千早赤阪村の大橋慶三郎氏の山林を訪ねる機会を得て、作業道づくりとそれを支える林業経営の理念を知ったのである。林業は作業道が基本だといわれるが、しかし、どのような作業道をつくったらよいのか示して見せてく

写真4−28　橋本光治さんの山林（針広混交林）

写真4−29　橋本光治さんの山林（支障木を出さない）

れたのは、大橋氏ただ一人であった[18]。大橋氏の存在感にただただ圧倒され、そうである以上は、己を捨てて、無心で学ぶほかないと決意したという。こうして、橋本さんが大橋式作業道を習いつつ自伐林業をはじめたのは、１９８３年、37歳のときであった。今私たちが見る、思わず嘆息が出るほどに美しく調和のとれた山林は、橋本光治・延子夫妻による以後30年にわたる、たゆまぬ歩みのなかでつくりだされてきたのである。

ここで、橋本さんの林業経営が自伐林業のモデルとなることの意義について確認をしておこう。まず、①橋本さんが30代から林業を始めたことに示されているように、林業の経験がまったくなくとも、基礎さえおさえれば立派な山林がつくれるということ、②その基礎となるのが、作業道と身の丈にあった機械化であるということ、そのために、③大きな資本がなくても自伐林業は始められるということ、④自伐林業の基本が１００ｍ／haの高密度で小径の作業道を入れること、すなわち、理にかなった作業道づくりが永続的な林業経営の基盤であるということ、⑤１００～１５０haのまとまった山林を、二人または三人による親身な労働（家族労働）で施業することによって、永続的な林業経営が達成されるということ、⑥スギやヒノキの単純林ではなく、広葉樹を組み合わせた混交林を形成することで、生物多様性に富み、災害にも強く、市場の変動にも対応できる多様な材の出荷が可能となること、以上から、⑦新規参入を志す者、なかでも30代など若い世代の人びとにとっては、30年後の自分の山を具体的にイメージできることなどがあげられる。

経営の理念

橋本さんは、師と仰ぐ大橋慶三郎氏から学んだことをもとに、自らの林業経営の基礎となる経営理念をまとめている。また、祖父から受け継いだ山林を観察し、その姿形のなかに祖父の林業経営の理念を読み取っている。この偉大な二人の先達に学ぶことから、次のような橋本さんの経営理念が形成された（橋本2013）。

写真4-30　橋本光治さんの山林（生長した木の根が「切り」の法面をまもる）

①「妨げ」となるものを取り除く（一利を興すより一害を除く）。
②調和を図る。
③変わらないものを求める（よいものは守り、改善すべきものはする）。流行はあまり追わない。
④仕方ではなく、仕組みを変える。改善（今までのやり方をゼロにする）。
⑤自然に学び、自然の力を借りる。

橋本さんが林業を始めるにあたって、最大の課題は人件費であった。施業委託をしているときは手元に残るのはよくても6割であり、4割は外へ出ていた。この4割を2割に減らし、8割を残すにはどうしたらよいか。支出の大半は人件費である。それを減らすには、自ら施業するほかはない。自伐林業の要諦である。ところが、自分でやるといってもどうしてよいかわからない。そのときに出会ったのが、大橋式作業道だったのである。大橋氏のつくった作業道を見て、これで木が出せるのであれば、自分のところでもいけると確信したという。また、それ以外に選択肢は残されていなかった。大橋氏は、具体的な作業道のつけ方についての技術指導はしないという。山の条件に応じて作業道のつけ方もまったく異なり、多様であって、技術的なことは自らが考えて編み出すものである。教えてもらうのは、路線の入れ方とそれを支える経営哲学である。路網の選択の仕方も理にかなっており、ひとつそのことが理解できたら、ほかのことにも応用ができるという。たとえば、「行き詰まらないようにする」ということ。それは、尾根をうまく利用した作業道の入れ方であり、同時に、経営哲学でもある。

写真4-31　橋本光治さんの山林（作業道上の樹間がすいていない）

自伐林業においては、「妨

写真４−32　橋本光治さんの山林（枝道）

写真４−33　橋本光治さんの山林（木組み）

げとなるものを取り除く」ということが、まず基本の考え方であり、出発点となる。林業経営のうえで大きな「妨げ」とは、施業委託することから生まれる人件費である。それを抑えるには自らが施業するほかなく、自伐林業に行き着くことになる。次の大きな「妨げ」は、植林である。これまでの林業施業は、伐期がきたら、主伐として皆伐する。その主伐のときにだけ収入になる。そして、その後に、苗を植え、植林をして、再造林する。さらに、植林後は、数年間にわたって、下草刈りなど真夏の重労働が続く。このような植林や下草刈りなどをしていては、経営的にも体力的にもとても持続的な林業経営はできない。では、この「妨げ」を取り除くためにどうするか。皆伐をやめて、間伐や択抜だけにするのである。そうすることで、植林はしなくてすむようになり、さらに、主伐のときだけに収入を期待するのではなく、間伐・択抜をつうじて間断なく持続的に収入が得られるようにすることができる。橋本さんの山林では間伐するのは２割くらいで、たとえると、山林を掃除するようものだという。また、新植しないのであるから、シカによる食害という「妨げ」からも免れることができる。

橋本さんは、「妨げを取り除く」とは「一利を興すより、一害を除く」ということだという。成功した人をそのまま真似ても、人の能力の違い、山の条件の違い、いろいろな違いがあって、成功はしない。成功への近道は、いちばん妨げとなることを取り除いていくことであり、その妨げが何であるのか自分で見つけ出すことが大事なのである。

このように皆伐をせずに、持続的な施業体系にしたおかげで、祖父の相続税を毎年５００万円ほど15年間にわたって払い続けながらも、山に木が残ったと橋本さんは述懐する。このとき、橋本さんは、大橋氏に「損して得しろ」「いちばんに損することを考えろ」と諭されたという。間伐・択抜を主流とした自伐林業を営めるようになったのも、多大な相続税の支払いという（当時は材価がまだ高かった）、一見、損をしたからこそであった。もし、当時、皆伐して一気に相続税を払っていたとしたら、再造林する資金さえ残っておらず、もはや林業は続けられなかったかもしれない。現在のように木材の価格が低迷していても、余裕をもって経営できる体力をつけることができたのも、そのときに苦労して「損して得した」からである。

何より重要なことは、このような間伐・択抜を主体とした持続的な施業体系を確立するためには、高密度で小径の作業道の開設と身の丈にあった機械化が不可欠であるということである。機械化といっても、３ｔのユンボ（作業道を開設するためと、伐倒した木をワイヤでつり上げるため）、２ｔトラック（材を搬出する。作業道の幅員が２〜２・５ｍであっても、２ｔトラックが通行できる）、１〜３ｔの林内作業車で十分であり、購入費用も３００万円ほどである。あえていうなら、これにチェーンソーがつく。まさしく「身の丈にあった」必要最低限の機械化である。森林組合が導入している高性能林業機械が1台数千万円するのとまったく異なる。なおかつ、機械がこなす作業内容のうえでは、この身の丈にあった機械化も高性能林業機械も変わりはない。山林の木を傷つけないためには、身の丈にあった機械化のほうがずっと優れているといえる。橋本さんは、伐倒したり搬出するときには、近くの木に古布団や毛布を巻いて、傷がついたり衝撃を受けたりしないことがないよう配慮するという。もちろん、機械が消費する燃料代やメンテナンスコストでは、身の丈に合った機械化のほうが高性能林業機械よりずっと少なくてすむ。

橋本さんは、経営理念として、「仕方ではなく仕組みを変える」ということを強調する。言い換えると、それまでやっていたことがゼロになる（無価値になる）まで徹底することだという。それが「改善」である。橋本さんが実践したのは、まさしく、他人任せの施業委託から、自ら山で施業する

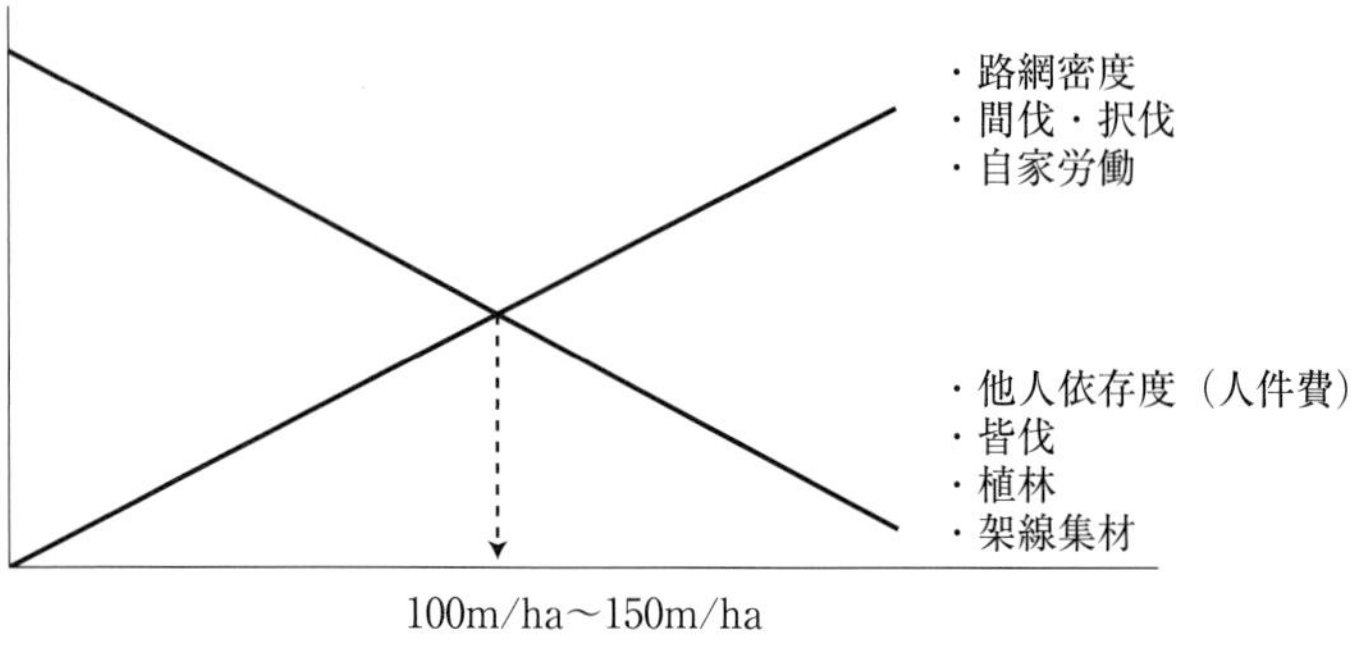

図4-4　橋本光治さんの講義資料（副業型自伐林家養成塾）

という自伐林業への完全なる転換であった。そして、そのためにこそ、幅員の小さい高密度の作業道を入れることが前提となる。具体的には、図4-4のように、皆伐、植林、人件費、架線集材がゼロとなり、その代わり、路線密度、間伐・択抜、自家労働が増えてきた。

この「仕方ではなく仕組みを変える」ということは傾聴に値する。というのも、中嶋健造さんが指摘するように、「施業委託型林業」から「自伐型林業」への転換においても「仕方ではなく仕組みを変える」ということがあてはまるからである。現在、各地において広まりつつある「自伐林業運動」が、根底において、森林と人びとの関係性を再構築し、森林を再生していく林業となり得るかどうかは、そのことが徹底され、林業経営のあり方に質的な転換をもたらすかどうかにかかっているといえるだろう。

このように、妨げを取り除き、仕方でなく仕組みを変えることから、次の三つの経営方針が打ち出されることになった。

①少人数（自家労力）

②間伐・択伐施業（最後の主伐での収穫より、中間の収穫の方がうまみがある林業ができる）、多様な森づくり

③作業道と経営規模と調和のとれた、身の丈に合った機械化

高密度に路網を入れて、身の丈にあった機械化をすることで、いわゆる「三ちゃん農業」（じいちゃん、ばあちゃん、かあちゃん）ならぬ「三ちゃん林業」が可能となる。すなわち、高齢になっても、林業に携われるようになるのである。それはまた、素人でもできる林業、誰でも新規参入できる林業の実現でもある。大橋氏が橋本さんに伝えた経営理念として「堅実なる縮小」という言葉がある。それは、「行き詰まらないようにする」ということであり、「あかんなら、いけるようにする」ということである。要するに、林業経営の基本は自ら考え創意工夫する林業であることであり、そのためには、他人任せでなく、自ら施業する自伐林業でなければならない。

「法成林」という森林施業の考え方がある。１００haの山林を毎年１haずつ伐っていき、１００年で一回りするという林業経営である。一見、理にかなった経営手法と受け取れるが、しかし、このようなことが現実にできるわけがなく、現場を知らない「机上の空論」にすぎないと、橋本さんは指摘する。たとえば、現在のように材価が低迷して、３分の１になったとする。すると、同じ収入を得るには、３倍すなわち３haずつ伐らなくてはならなくなる。そして、33年で一回りしてしまう。また、３haの皆伐をして、その再造林や下刈りが数年かかる。それでは絶対、経営が成り立たなくなる。ただし、一考してみる価値はある。すなわち、「あかんなら、いけるようにする」のである。この法成

林の考え方を実際の山に適用するときに、１００haを10等分すると、１区画当たり10haになる。そのなかから毎年２００㎥の材を出すとしたら、１ha当たり20㎥の材を伐って出せばよいことになる。１ha当たり20㎥の間伐・択抜であれば、山林に負担をかけずに、持続的な林業経営が可能となる。しかし、このやり方であっても、他人に施業委託をしていたのでは採算が合わない。自伐だからこそできる。それも、高密度で小径の作業道があってのことである。

道づくり・山づくり

橋本さんの「道づくり」「山づくり」の考え方は次のとおりである。

「道づくり」

①路網の考え方、計画、設計、施工について——無崩壊作業道の開設、安い・簡単・荒れない（修理がいらない）・荒れないところに荒れない道をつけたら道は荒れない。時が経てば経つほどよくなる道

②道ができること——道がすべてを変える、林家が抱えている諸問題を解決する

「山づくり」

①美しい山——よく手入れされた山は経済性も公益性（環境性）も高い、一つの山づくりで多くの機能を発揮させる（混交林）

②保続林業——できるだけ少なく伐って、できるだけ多くの収益。皆伐でなく間伐・択抜で

③天然混交林――自然に近い山づくり

「道づくり」として、大橋式作業道の眼目は、山林の地形を読み取ることにある。「タナ」といわれる、山の傾斜が緩やかになって台となっているところに作業道を入れる。「破砕帯」は避ける。すなわち、もともと安定したところに、安定した仕方で道を入れるから、崩れない道ができるのである。安定した道とは、「切り」を高さ１・４ｍ（人の肩の高さ）で垂直に入れる。高さを抑えることで崩れを防ぎ、木の根が張って地盤を固める。垂直に入れることで降雨に打たれることを防ぐ。幅は２ｍから２・５ｍのあいだ、だいたい２・３ｍほどである。路肩をしっかりとつくり、有効幅員を最大にする。３ｍ幅の道をつくったとしても、実際には路肩側０・５ｍは使っておらず、有効幅員は２・５ｍである。それならば、しっかりとつくって、２・５ｍで足りるようにするのがよい。それには他人任せでは無理で、自分でつくらないとできない。幅員を広くしないことで、切りも１・４ｍにおさえることができる。切りを高くしないと必要最低限の幅員が取れない地形の場合は、丸太を組んで外側に道を張り出して（「犬走り」）、幅員を確保し、切りを高くすることは避ける。要は、移動する土の量をできだけ少なくするのである。開設による地形の改変を最小限におさえることで安定化することができるし、また、土の移動量が少ないことで、作業量も作業コストも抑えることができる。理にかなった道のつけ方である（写真４-34）。

橋本さんの山林は、作業道から見上げても樹間がすいてないし、外から見ても作業道が通っているのに気づかないほどである。できるだけ、木は残すようにして路線をとる。そのためには、あらかじ

写真4-34　橋本光治さんの作業道の講義（路線を入れる「タナ」と「切り」）

め伐倒しないで、道が延びてから伐るようにする。80年生の木のあいだに作業道を入れても、支障木は1本か2本である。表土と地中の土とを混ぜてしまわず、その適性を使い分ける。つくりあげていく作業道にユンボのシャベルを押しつけるなど、ユンボの重さを利用して圧力をかけて固めていく。山林の様態についての詳しい観察にもとづいて行なう、ていねいな作業道づくりである。息子の忠久さんに作業道づくりを教えたときにも、注意したのは「木一本たりとも傷つけない。石一つたりとも落とさない。虫（ミミズ、サワガニ等も）一匹とも殺さない」ということだけであったという。

水が流れるところには「洗い越し」をつくる。ヒューム管などを入れると、余分なコストがかかるうえに、すぐに詰まってしまって災害を誘発することになる。尾根をうまく利用した作業道をつくることで、排水を設計していくのである。そのことを、大橋氏の教えでは「葉脈」のように作業道をつけるという。つまり、自然の力を利用することこそ重要なのである（写真4−35）。

写真4−35　橋本光治さんの山林（「洗い越し」）
（提供：中嶋健造）

こうして開設する作業道の距離は平均して1日当たり20ｍほどである。１００haの山林に総延長30㎞の作業道をつくりあげた。路網密度１００ｍ／haに達したときに、林業でやっていけると思ったという。そして、１５０ｍ／haに達したときに、林業が楽しくなったという（前掲の4−4図参照）。作業道が30ｍ間隔で入ってるので、80年生のスギ・ヒノキであれば35ｍあるから、伐倒すれば、必ず、どちらかの道にかかる。それを玉切りして、ユンボからワイヤをかけて、２ｔトラックに積み込む。１日平均５㎥、午前中に２・５㎥、午後に２・５㎥の搬出であり、現在は年間１２０日ほど作業をしているという。このように高密度な路網

写真4-36　橋本光治さんの山林（オンツツジ）

さえ入っていれば、身の丈に合った機械化によって、高齢になっても林業に携わることができる。

橋本さんのように択伐を繰り返し、森を育てていくのであれば、永続的に使える作業道づくりが基本となる。しかしながら、一般的には、主伐のとき皆伐して材を搬出することから、作業道もそのときだけ使えればよいという発想になりがちである。近年、林業経営における路網整備の重要性が指摘されるようになってはいるものの、同じく路網整備でありながら、後述するように、山林の永続的な利用を前提とする「自伐型林業」であるのか、一過性の「施業委託型林業」であるのかによって、作業道のつけ方はまったく異なってくる。また、多くの作業道が、大型の高性能林業機械を山林に入れるための規格を前提としているために、かえって山林を荒らしてしまうことになりかねない。橋本さんと同じく、大橋慶三郎氏から作業道づくりを修得し、自分の山林で実践している林家に、奈良県吉野町の岡橋清元《きよちか》さんがいる（大橋・岡橋２００７）。吉野で17代続く大山林地主であるが、岡橋さんの代で初めて、自ら作業道を開設した（ヘリコプター集材でも採算が合うのが吉野の銘木であった）。岡橋さんは、「壊れない道づくり」である本来の大橋式作業道を普及しようと、「奈良型作業道」の制度をつくりあげている[19]。

　橋本さんの山林を歩いていると、ほんとうにこれがスギ・ヒノキの丸太材生産の人工林なのだろうかと思わされる。作業道も、そこに積もった広葉樹の落葉のせいでふかふかとしているのだ。まるで、エコツーリズムのトレイルのような小径が縦横に山林をめぐって、森林浴の散策をしているかのような気持ちになる。土壌も含めて生物多様性を五感で受けとめる気分となる。山林の一角にオンツツジの群落があり、5月には可憐で鮮やかな花をつけて目を楽しませる（写真4-36）。

「これはオンツツジです。この花を咲かすのに20年かかりました。何年たったら咲くかと試しにやってみました。最初は、雑木がありますので雑木を切って、適当な間伐をやって。もう少し間伐率を高めたらもっと早く咲いたかもわかりません。ふつうの林業経営をやって、いつ咲くか試してみました。それでわかったのは、林業は10年単位でみていって、結果が出るのは20年だということです」

　このように、橋本さんの山林は、広葉樹も含めた混交林なのである。

「これはモミです。このスギなんかは非常にべっぴんさんです。これが天然の混交林のおもしろいところです。悪いのもありますが、びっくりするようないい木もあるということです。いま、モミの元玉のいいやつは5~6万円しますので、次はそちらのほうにもいけるかなと。シイ、カシでもスギより高いのです、いいやつは2万円以上します。物事は単純にしたらだめで、複雑にしておきなさいよということです。いつどんなことが起こるかわかりませんので、モミの値がでたときに、出そうと思っても、道がなかったらいけません。いつでもいけるような状態にしておくのです」

「ここは広葉樹もありますでしょ。私の山はけっこう複雑なのです。うちは一種林というのはほとんどありません。この山は全部混交林です、尾根とか境目は。ここもマツとかモミジとか、広葉樹でずっと囲ってあります。これは防風林にもなり、山の乾燥を防いだり、それから、広葉樹がありますので、山が痩せるのを防ぎます。長伐期とよく言われますが、長伐期をしようと思うと、やはりこういう防風林とかそういう備えがなかったらだめだと思います。それなりのしっかりとした考えがないといけないと思います」

　このような橋本さんの山づくりの考え方は、もちろん、30年余りのなかで深めていったものであるが、しかし、道づくりにおいて大橋氏という師がいたのと同じく、山づくりにおいても師がいた。それは、この橋本家の山林をもともとつくりあげてきた、祖父の橋本陰歳氏である。橋本さんが銀行を退職して家に戻ってきたその年に祖父は亡くなり、山づくりについて直接教えを乞うことができなかった。そこで、このような混交林がなぜあるのか、それには必ず意味があるに違いないと、祖父の山づくりの思想を山林のかたちのなかに読み解きながら、橋本さんは自らの林業経営の理念を築き上げていったのである。林業に携わるようになって、10年ほどしたときに、たまたま、祖父の講演録を県庁の担当者が橋本さんに届けてくれた。すると、そこには、まさに「小規模自伐林業」の経営思想が述べられていたのである。小規模自伐林業のモデルを考察するうえで重要な手がかりとなるので、とくに重要と思われる個所を以下に紹介したい（傍点は引用者。全文は資料として後掲）。

「小林業経営談」（橋本陰蔵氏による、１９５４年、東京での講演録より）

「小林業経営と申しますとおり、私の話は、まず50〜60町歩、80〜90町歩くらいより以下、主として自分の家族で施業していく、仕事のとくに忙しいときだけ少数の人夫を雇い入れてする程度の林業者に適しますかという経営方法であります」

「多くの人があまり杉の単純林に熱中しすぎている。それも、大林業家であれば施業を他人の労力による関係上、複雑な経営方法はできがたいという点もありますが、狭い面積の山林しかない小林業者までが持山のほとんど全部を杉、まれには桧の単純林にするということは、のちほど述べますような関係で、どうしても不得策であるように考えます。それで私は所有山林地全体のうちの大部分は主として用材林にしますが、これを単純林にいたしませず、杉・桧・松等の混合林に仕立て、他の一部分、地味の瘦薄劣等な個所だけを薪炭林として施業経営しているのであります。そして、その用材林はおもに天然更新法によって造植林しています」

「私の山は大方どの山も杉・桧・松・榧（かや）・欅・栗・桜等が混合している、と申しましても人工造林法、すなわち植付による混合林のように、きれい、整然とした混合林ではありません。しかるのみならず、私はなるべく、できる限り、林木を皆伐にしない択伐にする」

「私の山は一見外から見まするとまことに乱雑な、ごちゃごちゃした山であります。杉・桧林の中に松もあれば樅もある。かしこに槻が4、5本あればここに椢の木がある。桜の立木もあれば、栗・樫の木もところどころにある。また、目通り周囲5、6尺の木の中に長さがわずか1間や1丈くらいの小さい木もある。人家近くの肥沃なところには竹林があるというような状態です。それではまったくでたらめではないかと思われますかしれませぬけれども、けっしてそうではないのであります。やはり、適地適木を考え、また、成長後、老大になって伐採するときの事情や搬出するにあたっての便不便等をよく考えて仕立てるきわめて集団的な植林方法であります。しかるがゆえに、この作業をしまするには、ずいぶんその山について緻密な考えや経験がいる」

「よほど山林について研究心があり、趣味経験のある人を得ませんとうまくできない。自分がいちいち実地をよく考えて作業しませんと失敗に終わるのであります。しからば、だいたいその作業をなすにどういう考え、方針で行なっているかと申しますると、どの種類の木もよい値打ちのある木をつくる」

小林業経営の心得とは、このように研究心があって、つねに山林の様態を観察し、創意工夫を凝らしていることなのである。講演の最後に、小林業経営の長所が次のようにまとめられている。

一、造林費が少なくて営林できる。

二、択伐・混合林にしますと、需要に応じて木材を供給することができる。

三、比較的虫害などが少なく、元口の方に枝が少なくて節の少ない良好な製材品が得られる木ができる。

四、それから択伐混合林でありますと、林地が痩せない。

ここに、自伐林業の基本がほとんど示されている。橋本さんは、大橋式作業道を入れることによって、このとおりに小規模林業を実践することができるようになったといってよいのではないだろうか。すなわち、講演録のなかでは、小林業経営は、材の搬出に不便なところには不適当な方法で、便利な地域でなければ都合が悪いと述べられているが、橋本さんは、大橋式作業道を縦横に入れることで、搬出に便利にすることができ、全山において祖父の勧める方法を実施できるようになったといえるのである。

なお、佐藤・天毎木・橋本（２０１１）においても、更新及び保育方法の指針として、橋本さんの山林において、次の諸点が読み取れると指摘している。①良質で高価な林分を残すことと天然木のなかでも将来の利用価値を考慮していること、②伐採時の樹木の損傷を少なくすること、③木材価格と搬出方法を考慮して森林づくりをすること。伐採時については、④森林の状況に応じて多様、⑤生活に合わせた無理のない労働力の投入、⑥伐採量や伐採場所は森林の状況と家族生活を考慮し、生産性を高めるより、安定性、持続性に力点を置き、良質材にして生産する。たんに択伐するだけでなく、更新や保育管理、生活に関連する伐採量、労働力の投入に到る択伐施業に一貫した視点で森林施業が計画されており、⑦林分の防御林帯を尾根や境界を中心に残すことにより自然災害に強い山造りを心がけている。

（2）中嶋健造さんによる自伐林業論の射程

本章4節において、現在、各地において展開されている自伐林業の取組みについて、その担い手に焦点をあてて紹介してきた。そして、5節（1）において、それら自伐林業運動がめざす永続的な森林経営のモデルとして、徳島県那賀町の橋本光治さんの自伐林業について、その経営理念をもとに取り上げた。そこから、自伐林業とは、特別な林業ではなく、ふつうのあたりまえの林業形態であることが理解されただろう。むしろ、林業を私たちの日常の生活から遠のけ、ブラックボックス化していったのが、既存の林業政策であったのではないだろうか。林業の近代化、産業化をめざす政策とは、森づくりに向かうのではなく、廉価大量に材を供給する伐採業、素材生産業へと特化していった。そのようなマーケットに組み込まれていくことをもって、林業の産業化、近代化ととらえたのであろう。そのような林業を成立させるための諸制度が配置されて、現代の林業が社会的に構成されていったのである。そこで、現在ある林業形態が、ほかにも可能性のある形態のなかの一つにすぎないと相対化し、森林の多面的機能を最大限に発揮するような別の林業形態を探していくことが求められる。土佐の森・救援隊が牽引している自伐林業運動は、そのような問題提起を現在の林業政策に投げかけているのである。

森林の再生と森林と人びととの関係性の再生である。そこで、遠のいてしまっている人びととの森林への距離をもう一度近づけていくことが求められる。そのとき、もっとも重要な回路が「生活のなかでの利用」である。生活のなかでの利用をつうじてこそ、人びとにとって森林は身近なものとなり、なくてはならないものとなる。すでにみたように、「C材で晩酌を！」は、森林を人びとにとって身近にするものだった。軽トラックとチェーンソーさえあれば、誰もが参加することができるような林地残材収集運搬システムとして構築されており、そのことで、地域にとってなくてはならない副業をつくりだしたのである。

すなわち、自伐林業とは、このように生活のなかでの利用をつうじて森林を身近なものとする重要な回路なのである。それはまた、森林をめぐるコモンズの再構築といえる（コモンズについては本章の最後でもういちど取り上げる）。誰もが新しく始めることができる林業として、自伐林業を成り立たせるためのさまざまなツールをそろえていったのが、土佐の森・救援隊の自伐林業運動であった。地域通貨と薪というシンプルな木質バイオマス利用を組み込んだ林地残材収集運搬システム、身の丈にあった機械化としての土佐の森方式・軽架線や大橋式作業道、新規参入を促す副業型自伐林家養成塾のプログラム、そして、分散型組織によるネットワーク形成などが、相互に補完し合い、相乗効果をもたらして、林業の実践や林業政策、中山間地域政策、学術研究などさまざまな分野におけるイノベーションの契機をつくりだしている。まさに、森林と人びととの関係性の再編をつうじて森林再生へと向かう「現場からの知識生産」として、土佐の森・救援隊の自伐林業運動があるといえるだろう。

二つの林業形態

土佐の森・救援隊の現理事長である中嶋健造さんは、最近の講演のなかで、林業の形態には2類型あり、それは次のように「施業委託型林業」か「自伐型林業」かであると問題提起している。

「施業委託型林業」：山林所有者が自分では施業をせず、森林組合や民間林業事業体へ委託してしまう類型である。請負う側は専業の企業体（森林組合や素材生産業者）で、山林と施業の集約化を図ることによって施業単位を大規模化し、高性能林業機械を使うことによって生産性を重視した施業を実施する。一度に大量生産することから、大量消費の規格品（合板・集成材）を大規模に流通させる方向に向かっている。そのため、短伐期皆伐施業になりがちである。

「自伐型林業」：所有者や地域が自ら施業を行なう小規模分散型、地域経営型林業であり、収入を毎年得なければならず、持続性を重視した長期的森林経営を展開することになる。皆伐は行なわず、おのずと長伐期択伐施業を行なうようになる。量ではなく品質重視の多品目生産をめざし、収入向上やリスク分散のため、限られた森林の多目的利用に向かう特徴がある。

このように林業形態を二つに類型化したうえで、中嶋さんは、現在の林業政策の最大の問題点は、施業委託型林業のみをとりあげて重点政策化したことだと指摘する。

「施業委託型林業」は、施業を委託する側から見れば、山林所有者や地域住民にとって森林・林業が遠のくことであった。すべて委託であるから、収入は主伐のときだけ、しかも委託料を差し引いて、ということになる。その主伐は大規模皆伐化する傾向にある。しかも、再造林コストが確保できないため、経営意欲はいっそう減退し、山林所有者や地域住民から森林・林業がますます遠のいていくことになる。さらに、森林・林業が遠ざかるに応じて、木材生産以外の利用や副業的利用も失われていく。このようなことから、中山間地域が衰退していったもっとも大きな理由は、本来の森づくりとしての林業を放棄してしまったことにあると、中嶋さんは指摘する。にもかかわらず、従来の中山間地域政策は、そのことを直視しないまま、面積の上で中山間地域の7～9割を占める森林資源を活かすことをせずに、農業・農産物加工や観光・交流事業に主軸を置いているため、有効な対策となり得てないという。

一方、施業を委託される側から見ると、木材伐採のみに特化することになる。林業が「森づくり」から離れて、木材伐採業、素材生産業としてしかとらえられないようになっていった。森林組合さえも素材生産業者化していった。その結果、森林経営が消失し、森林の多目的利用も消失した。それは、大量生産・大量消費の規格品大規模流通という循環のなかに林業が組み込まれていくことであり、合板集成材生産に一元化されることで木材の低価格が常態化することである。このような生産・流通・消費の循環のなかで、大規模集約施業、短伐期皆伐施業という林業形態が形成され定着してきたのが、現在の日本の林業である。その結果、施業委託型林業は次のような問題を抱え込むことになったと、中嶋さんは指摘する。

①森林単位の持続的林業ができなくなり、林業というと木材伐採業のことになった。

②規模の大きい作業道・林道の開設や皆伐によって、土砂災害や環境破壊が誘発される。

③大量生産・流通される合板集成材生産中心になり、無垢材利用が少なくなり、原木価格低下を招くことになった。また、一気に原木生産されることによって価格破壊が起こる。

④施業は他人の山であるために、施業自体が荒くなり、材の乱獲につながる。

⑤現場作業員はどこまでいっても作業員（オペレーター）にとどまり、単純な過重労働の繰り返しに追い込まれる。

それだけにとどまらず、「低コスト林業」という触込みで導入を勧められる高性能林業機械がいかに「高コスト」であるということ、また、苦労して造林をした山林がその労働の利益を回収する時期になりつつあるのにもかかわらず、伐倒を施業委託してしまうために、山林所有者に還元されないままになるということ、そして、主伐後の再造林を施業委託したら、再採算割れを起こしてしまい、経営破綻に陥ることは「分収造林」の先例をもって明らかであるということが指摘される。

このような施業委託型林業に対して、自伐型林業が優れているのは次の点であるという。先に、橋本さんの林業経営をみたので、いずれも納得できるだろう。

①持続性を重視した長期的森林経営をめざし、その結果、自ずと長伐期択伐施業となる。そして、安定した収入を継続して得ることができる。

②品質重視の多品目生産や森林の多目的利用と結びつく。

③所有と施業が極力近づいているために、所有と施業を分離する施業委託型林業と反対の方向性を向くことになる。すなわち、自ら所有する山であるため愛情がこもる。頻繁に山に入り手入

れするため「いい森」がつくられる（水源涵養、生物多様性、災害に強い森）。

④低投資で少人数・家族労働型であるため、経費が少なく労働対価が大きい。そのため、大儲けはできないがそこそこの収入となり、現在の材価でも経営できる。

⑤高密な小径作業道（大橋式作業道）と身の丈に合った機械化によって永続的な森林経営が可能となり、若者や退職者による新規参入がしやすく、高齢者でも携わることができる。

⑥山を林業だけでなく農業利用もできる、すなわち、農林家の複合的経営や、ほかの生業や職業と結びつけた副業型自伐林業経営ができる。

⑦小規模分散型林業であり、地域経営型林業としても展開されうる。

⑧中山間地域に雇用機会をつくりだすことができる。自伐林業推進を自治体政策のなかに位置づけることによって、都市から中山間地域への人口環流に結びつく。

土佐の森・救援隊は、自伐林業のこのような特徴に注目して、その担い手を育成し、活動を支えていくための独創的なツールを開発してきた。それが「C材で晩酌を！」であり、「副業的自伐林家養成塾」であったことは、すでにみてきたとおりである。それでは、現在、自伐林業支援として求められているのは何だろう。

初心者が伐倒し搬出するまでの技術は「副業型自伐林家養成塾」で修得することができるが、しかし、伐倒・搬出の技術を習得するだけでは林業は実践できない。というのも、具体的に自らの施業の対象とする山林そのものを確保しないといけないからである。しかも、単発的一過性の請負ではだめで、継続的に長期にわたって関われる、自伐林業のための山林の確保が不可欠である。言い換えると、資源を加工する技術は用意されたが、その資源そのものを用意するにはどうするのかという、資源へのアクセス問題として今後の自伐林業の課題をとらえることができる。

その課題に応えるために、中嶋さんは自伐林業の概念を拡張して、次の三つの類型を提示している。①個人型：従来の家族経営、②集落営林型：集落の山林をまとめて経営、③大規模山林分散型：大山林所有者（個人・企業・自治体・国）の山を自伐林業できる単位に分割して経営。②や③の類型であっても、①の類型と同じように、100〜150haの山林をひとまとまりとし、針広混交林の長伐期択抜施業をつうじて、森林の永続的保全利用を内容とする林業経営を行なうのである。そのような森林の永続的保全利用を担う小規模な自伐林家を増やしていくことが、生物多様性や多面的機能に富む森林をつくりだすことになる。自治体にはそのような自伐型林業を支援・推進することが求められる。

このようにして、必ずしも自分の所有ではない山林、たとえば、自治体有の山林、集落の共有林、信頼関係で結ばれた地域住民の私有林において、自伐林業が展開可能となる。実際、自治体有林での自伐型林業は益田市や佐川町で、集落共有林での自伐型林業は気仙沼の八瀬地区で、信頼関係で結ばれた地域住民の私有林での自伐型林業は吉里吉里や上名野川、吾北、四万十で実施されるようになっている。今後、森林組合が自伐型林業に取り組む事例も、和歌山県みなべ川森林組合のように出てくるだろう。

そして、このように②③の広義の自伐型林業も加えて自伐林業論を構成することは、本章の冒頭で紹介した興梠の第1期から第3期にわたる自伐林業のとらえ方を超えて、もうひとつの自伐林業の類型を提示することになるだろう。

2013年9月、高知市において国民森林会議が主催した自伐林業をテーマとしたシンポジウムを聴いて、林業経済学者の泉英二氏が、中嶋さんの提起した自伐林業論の射程について論じている。たいへん重要な論点が示されているので、ここに紹介しておきたい（全文は資料として後掲）。

> 中嶋氏らの自伐林業論は、これまで国から軽視されてきた「家族経営的林業」や自営型の「大山林所有者」への再評価を強く要請するものであり、たんに「森林・林業再生プラン」への根源的批判にとどまらず、50年におよぶ国の「基本法林政」全体に対する根本的問題提起となっていると評価することができよう。／氏らはつねに実践の中から概念をつくり出してきており、今後、「自伐林業」概念がどこまで拡張されるのかについて、おおいに注目する必要がある。／中嶋氏らの巨大な問題提起は、後の討論で提出された論点などとともに、国や地方自治体の林政担当部局だけでなく、林政学・林業経済学の研究者もしっかりと受け止めて、きちんと議論をする義務があるように思う。

このように中嶋さんによる自伐林業論の問題提起を真摯に受け止めたうえで、今後検討するべき課題として次の7点を指摘している。

①「施業委託型」の問題点の検証（施業集約化の実現可能性、高性能林業機械化のコストと施業の荒さ、森林組合の体質問題等々）、②自伐林業の析出基盤（農家林家の弱体化）、③自伐林業を再構築

し発展させる道筋、④林業が成り立つ適正な木材価格水準、⑤農業政策への目配り（「自営型」から「委託型」へ転換する農業政策）、⑥森林に関わる人間とその組織のあり方（「所有」という概念の原義にまで立ち戻り、地球環境制約下において、人間は植物資源とどのようにつきあっていくのか）、⑦用語としての「自伐林業」、「自伐林家」。

泉氏があげる課題のうち6点目が、本章の冒頭で言及した「森林をめぐるコモンズ研究」が向き合うべきテーマであることはいうまでもないだろう。そこで最後に、本章の問題関心に立ち戻り、森林をめぐるコモンズ研究について、自伐林業運動の視点から論じていきたい。

(3) 公共的課題としての林業政策とコモンズ

本章2節において、森林をめぐるコモンズ研究に対して投げかけたのは次のような疑問であった。森林をめぐるコモンズ研究において、これまで主に取り上げられてきたのは入会林野であった。そのこと自体はきわめて当然のことなのだが、しかし、森林・林業をめぐる現在のさまざまな問題を考えるとき、森林をめぐるコモンズ研究が対象にするのは入会林野だけでよいのであろうか。スギ・ヒノキの丸太材生産をする民有林は、コモンズ研究の対象にはならないのだろうか。ここで検討しておきたいのは、あらかじめ私有、公有、共有という所有形態に応じた分類をしたうえで、共有の所有形態のみをコモンズ研究の対象として取り上げるアプローチについてである。そのことは、「村落の土地所有の二重性」に見られる村落社会学における「総有論」を想起することで理解されるのではないだろうか。「村落の土地所有の二重性」とは、農業集落調査のために、村落の領域を確定しなくてはならないという実務上の必要性から見出された社会的事実である。それは、村落の領域内であれば、その土地が私有（個人所有）であろうが、共有（村落所有）であろうが、私的所有の形態にかかわりなく、すべて村落の土地であるという生活のなかでの所有観念をさしている（鳥越１９９３）。

そこで、所有の形態にかかわりなく、資源を「コモンズ」としてとらえることによって見えてくることの可能性について考えてみたい。コモンズを自然資源以外にどこまで拡張するのかは議論が分かれるところであろうが、たとえば、景観を構成する建築物や農地、森林が個々の私的財産であることを越えて、総体として景観をコモンズとして論じることは可能だろう（家中２００９）。そのようにとらえるのであれば、森林をめぐるコモンズ研究においても、対象を入会林野に限定することはなく、むしろ民有林を含めて、森林・林業のあり方を論じる視点形成はありうるのではないだろうか。森林のもつ公益的機能や森林の供給する生態系サービスという視点に立てば、個々の所有の形態や私的所有の枠組み越えて、コモンズとしてとらえて考察することは、今後ますます重要となってきている[20]。

本書第1章において佐藤宣子が明らかにしたように、多くの農家は山林も保有しており、農林家として、農地を取り巻く森林環境を維持しつつ農業を営んでいるのである。その逆もいえる。そこで、楜澤能生（２０１０）の次の指摘にもあるように、森林をめぐるコモンズ研究は、農地と山林原野を一体としてとらえる視点形成が求められているといえるだろう。

山林原野の自然資源の管理主体は、本稿で対象としてきた農地管理の主体とまったく別個に存在するわけではない。むしろ多くの場合、農業集落が農地と山林原野を一体的に支配、進退してきたのである。コモンズ論も、農地という自然資源とその管理主体に関心を向け、山林原野の自然資源の維持と一体的に考察する必要があるのではないか。（椚澤２０１０：２２７）

現在の林業施業の実態、そして、林業政策の実態を直視するのであれば、このようにいったん視野を広げたうえでのコモンズ研究が果たす貢献はたいへん大きいと思われる。本章で取り上げた自伐林業運動はそのことを示している。地域通貨の循環をつうじて森林のコモンズとしての価値を再創造したのが「Ｃ材で晩酌を！」であった。それは、多面的機能が最大限に発揮されるような森づくり運動であると同時に、新たなコモンズ形成運動であるといえる。すなわち、「Ｃ材で晩酌を！」や「副業的自伐林家養成塾」という回路をつうじて人びとが幅広く森林資源に関われる機会をつくりあげている。森林の再生が森林と人びとの関係性の再生であるととらえると、このようにして再構築される関係性こそがコモンズを生み出しているといえる。また、橋本光治さんの山林は、所有形態としては民有林であり、橋本さんの個人所有の山林であるが、しかし、その山林は生物多様性、水源涵養など、公共的価値を担っている。そこには、祖父の代からの小規模林業の経営理念にもとづいた山林形成があり、さらに後継者を得て未来につながっている。その営みは、森林資源の永続的管理という面において、時間軸をいれたコモンズ形成としてとらえることができるだろう。

今検討されるべきなのは、森林という資源が、個別的な利益を生み出す対象として扱われるのか、それとも、地域社会において、そして世代を超えて、公共的価値を生み出す対象として扱われるのか、という課題だといえるだろう。端的にいえば、前者が、現在、政策として推進されている施業委託型林業であり、後者が本章で紹介してきた自伐型林業である。このように課題を設定し直すことをつうじて、これまで限られた行政担当者や専門研究者によって扱われてきた林業政策を、森林の多面的機能や生物多様性という公共的課題に対して開いていくことができるだろう。森林をめぐるコモンズ研究は、ガバナンス論やボランティア論など抽象な議論から今一度、林業施業や林業経営という具体的なことがらに立ち返り、再構築していくことが求められているのではないだろうか。

このように森林と人びととの具体的な関係性のあり方からコモンズ研究をとらえ直そうとするときに、たいへん興味深く思われるのは、同じく森林という資源でありながらも、それを資源として取り出す技術や制度の体系に応じて異なる価値が生み出されるという点である。施業委託型林業と自伐型林業という二つの林業形態はその好事例である。そのことを、資源を「働きかけの対象となる可能性の束」としてとらえる、佐藤仁の資源論を手がかりに考えてみよう（図4-5）。

ここで、資源が「働きかけの対象となる可能性の束」としてとらえられるというのは、次のようなことからである。今眼前に森林があるとしよう。その森林から、木材を得るか、ミネラルウォーターを得るか、あるいは、建造物を建てるための建設用地を得るか、そのいずれかを、人は森林のなかに可能性として見る。資源とはそのように、木材やミネラルウォーターや建設用地かを与えてくれる可能性であり、人は、そのいずれかの可能性を現実にしようとして、資源に働きかけるのである。すなわち、「森林がどのような意味において『資源』であるのかは、資源を見る眼によって異

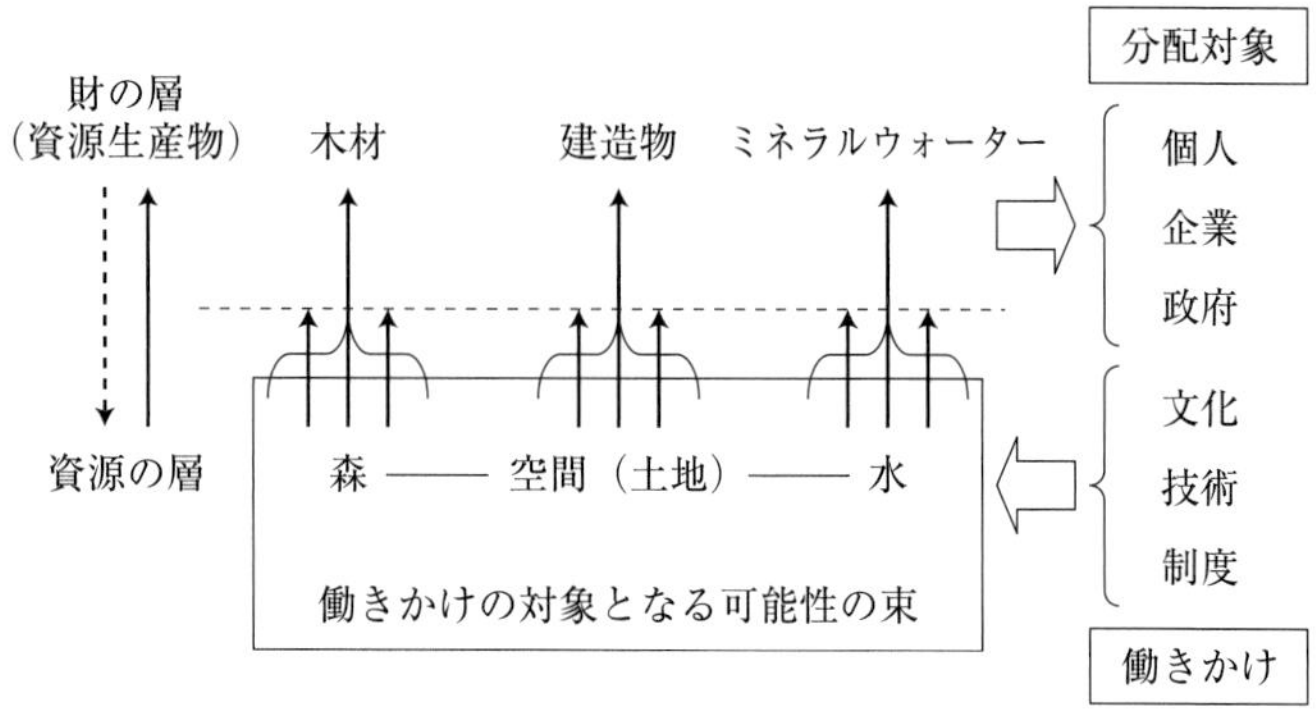

図4-5　可能性の束としての資源（佐藤2008：13）

なる」のである（佐藤２００８：７）。そして、「資源の価値は、素材それ自体にあるのではなく、人々の工夫によって初めてとらえることのできる『見えない部分』にある。それは、人々に効用や自由をもたらす可能性を持った、いわば潜在的な価値である」（佐藤２００８：12）。そのような可能性の束としての資源に、人が働きかけて得られた資源生産物が「財」である。今の例では、木材やミネラルウォーター、建設用地（建造物）が、資源から生み出される「財」である。

このように資源とは社会的に生成するものである。本章の問題関心からすると、「資源」が資源生産物である「財」へと変換されるプロセスがたいへん重要なものとして注目される。すなわち、資源を財へと変換するのに、技術や制度がどのような性格をもっているかに応じて、資源のあり方も変わってくる。それは、働きかけの可能性の束としての資源のなかに何を見ているのか、そして、どのような財を資源から取り出してくるのかということと密接に関係しているのである。

「生成するコモンズ」（家中２０１４）の視点からすると、コモンズという資源があらかじめ存在しているわけではなく、あるいは、資源を持続的に利用するためにコモンズという資源管理システムがあらかじめ存在しているわけでもなく、可能性の束としての（自然）資源と人びとの活動との相互作用として、コモンズが生成されてくるのである。そのときに、佐藤のいう資源を財へと変換させる技術や制度がどのようなものであるかは重要である。すなわち、同じ資源であっても、それをコモンズとして公共に開きつつ財として変換するような技術や制度はどのようなものであるのかという問題関心が「生成するコモンズ」の視点を生み出すのである。社会的に生成されてくるものとしての資源について、佐藤は次のように説明する。

> 特定の自然を資源として同定し、技術や資本、労働力が投入され、富が生み出されて分配されるとき、その過程は人びとの自由や社会の秩序といった単なる「手段」を越えた領域に影響を与えずにはおかない。影響は、資源が採り出される場所に暮らす人びと、その資源から生産される産物にかかわる人びと、開発の権利に関与する政府や利潤にかかわる企業など、個別主体ごとに及ぶだけでなく、資源をめぐって配置される各主体の相互関係にも及ぶのである。つまり、資源の開発と分配の過程は、私たちの政治論争の対象となる法律や制度と同じように、人びととの協力や疎外、支配や従属といった社会秩序に影響を及ぼす。にもかかわらず、資源と政治の関係はわれわれの注意を素通りしてしまうことが多い。（佐藤２００７：３３５）

> 先天的に権威主義的な技術と、民主的な技術とが区別できる可能性である。たとえば、発電方法一つとっても原子力発電ならば構造上、特定の専門家に大きな権威を付与しないと機能しないが、太陽光発電の場合には権威が分散する。そこでの議論を援用して、資源が本来的に民主的である場合とそうでない場合とに分けられる可能性はないだろうか。たとえば多額の資本と高い技術を必要とする石油は、集権的な資源と呼べるかもしれないし、比較的容易にアクセスができる森林は本来的に民主的な資源と呼べるかもしれない。（佐藤2007：336）

佐藤は、原子力発電と太陽光発電の違い、石油と森林の違いを例にあげて説明しているが、本章のテーマに即せば、同じく森林資源を対象としていても、施業委託型林業という技術や制度に媒介されるのと、自伐型林業という技術や制度に媒介されるのとでは、生み出される財の性格が社会的に異なってくるということである。前者は、本来多様な働きかけの可能性の束としてある森林資源を、合板集成材用材として規格化し、木材伐採業以外の林業形態を駆逐し、少数の限られた人びとにしか携わることを許さない技術や制度である。それに対して、後者は、森林の多面的機能や生物多様性にもとづく公共的な価値を、多様な人びとの森林・林業への関わりをつうじて生み出そうとする技術や制度である。前節で紹介した中嶋健造さんの自伐型林業論は、このような理論的な射程をもっていることをおさえておくべきだろう。

ここで、森林という資源にどのようにアクセスするかということが重要な課題として出てくる。土佐の森・救援隊の副業型自伐林家養成塾は、技術の面で森林資源へのアクセスを用意した。それに加えて、制度の面で必要なことは、長期にわたって継続的に関われる、自伐林業のための山林へのアクセスを保証することである。とくに都市から移住して、自分の持山はないものの、新規参入をしようとしている若い世代にとっては重要な課題である。都市から中山間地域への人口環流の回路として自伐林業を自治体政策に取り入れるのであれば、その課題が超えられなくてはならない。自分の所有する山林において実施する狭義の自伐林業としての家族経営型に加えて、中嶋さんが提案している「自伐型林業」には、集落営林型と大規模山林分散型という広義の形態がある。この二つの拡張された自伐林業は、山林の私的所有の枠を超えようとしているととらえることができる。

じつは、施業委託型林業においても、同じ課題は存在し、そのときの手法がほかならぬ「所有と施業の分離」といえる。「所有と施業の分離」という制度的・政策的な介入をつうじて、山林の私的所有の枠組みを超えて大規模集約化が実現され、そこではじめて高性能林業機械を導入することができ、大規模素材生産という財への転換が可能となるのである。このように技術（機械）と制度（政策）と財の生産形態が一つのセットとなっており、そこに投げ込まれることで、合板集成材生産が社会的に構築されるのである。

自伐林業運動の各地での展開でみてきたように、たとえば、岩手県大槌町吉里吉里においては、NPO法人吉里吉里国の活動やその理事長である芳賀正彦さんのもつ地域社会への信頼が私的所有の枠組みを超えさせているといえる。そのことを別の言葉でいえば、自伐林業は「責任ある林業」として社会的に構築されることによって、私的所有の枠組みを超えていっているといえるだろう。そのことが本章で紹介したように、各地の取組みから見えてくるのである。自伐林業が担う責任とは、地域社会に対する責任であり、森林生態系に対する責任であり、過去と未来に対する責任である。私的所有の枠組みを超えて、責任と信頼にもとづく森林との永続的関係を築くものとして、自伐林業を位置づけることが重要であろう。地域通貨「モリ券」が機能したのも、森林整備という公共的活動に伴う社会的信頼の裏づけがあったからであることを再確認しておこう。

楜澤能生（２０１４）は「入会のガヴァナンス」の論考において、国家による民有財産の公有財産化に対抗し、農民の生存権として入会権の私権性を論証しようとしてきた法律学の相反する二つの方向性を紹介している。

> 一つは耕地に対する近代的所有権を補完する権利として、近代的共有持分権の近傍に位置づけられ、やがては近代法の体系の中へと吸収されていく権利として理解する方向である。／もう一つは、入会を土地上の毛上に対する事実上の進退・支配と捉え、この事実上の行為が途絶えると、入会は消滅すると考える理論である。進退・支配の中身は入会地上の自然資源の採取に限定されない。入会主体の入会地に対する具体的関係性が鍵となる。その主体は、私的利益の担い手と、公的利益の担い手のいずれにも解消されない、両者を繋ぐ格別の位置付けが与えられる。（楜澤２０１４：１０９）

前者が「所有権の観念性」にもとづく川島武宜による入会理論であり、後者が「所有権の現実性」にもとづく戒能通孝の入会理論である。そのうえで、楜澤は、「所有権の現実性」に「産業社会から持続可能社会への転換にとって鍵となる概念」を見出そうとしているのである。この議論は入会理論についてであって、本章では必ずしも入会林野における林業形態を論じているわけではない。しかしながら、「所有権の観念性」の徹底の延長上に、「所有と施業の分離」という林業政策が実施されているということは見つめておいてよいことだろう。森林と人びとの関係性が遠のいているということはそのことをさしているのである。このように「所有の現実性」に着目する楜澤の次の「農地法における耕作者主義」についての指摘は注目するべきである。

> 所有（土地への権利）と経営と労働の主体が一体であること、これは農地法における「耕作者主義」という法原則に他ならない。農地（田畑と採草牧地）を買ったり、借りたりしようとする者は、取得した農地の全部について農業経営をし、かつ農作業に常時従事しなければならない。そのもともとの立法趣旨は、戦後農地改革によって樹立された新しい農業経済秩序を、旧来の寄生地主制へと逆戻りさせないことだった。しかしその危険がなくなった現代における耕作者主義の意義は、農家の農地に対する継続的関係性を確保し、農地の世代的継承を可能とすることによって、土地の非収奪的利用へのインセンティブを与え、農業の持続可能性を確保する点にある（楜澤２０１３）。生産手段としての農地の在所に住居を置いて生活する農家にとって、農地は生産手段であると同時にこれを取り囲む山林原野、池沼と一体化された農家の生活空間でもある。生活とともになされる生産（生業）にあっては、主体としての人間と客体である自然資源の関係は、抽象的ではなく具体的で包括的である。（楜澤２０１４：１０２）（傍点は引用者）

この「農地」を「山林・林地」と言い換えれば、本章で取り上げた「自伐林業運動」の射程が浮き彫りにされてくるだろう。楜澤のこの論考は、入会すなわち村落の共有林を対象としているが、「所有権の観念性」についての議論であるので、個人所有地についても同じことがいえる。すなわち、自ら直接的な林業経営を行なわず、森林組合や素材生産業者に施業委託しているあり方についての大きな問題提起といえる。現実にどのように自らの生業が山林・林地と結びついているのかということと関係なく、「所有権の観念性」にもとづいて山林・林地がとらえられるときに、その「所有権の観念性」に支えられて「所有と施業の分離」が成り立つといえるだろう。言い換えると、「施業委託型林業」が成り立つのは、「所有権の観念性」（これはさらに、現代の金融資本の経済支配にも結びついていく）に支えられているからである。それが近代化ととらえられてきたのであり、今もその近代的な林業経営を遂行しようとして、「所有と施業の分離」した林業政策が推進されているのである。自伐型林業は、この「所有権の観念性」から、今一度「所有権の現実性」にもとづく、持続的かつ包括的な森林利用、すなわち、「生活とともになされる生産（生業）」を取り戻そうとする運動として位置づけることができる。それは、農産物直売所になぞらえて林地残材収集運搬システムを論じたり、「小さな経済」として百業・複業を唱えるのにとどまらない、もっと根源的な問題提起として受け止められる。自伐型林業とは、まさしく「未来に向けた責任ある林業」とはどういうものか、その議論の基盤をつくりだすものなのである。

【付記】執筆にあたって、中嶋健造氏をはじめとして本章にお名前が登場する方々、ＮＰＯ法人土佐の森・救援隊、各地で自伐林業に取り組むみなさまにたいへんお世話になりました。深く感謝いたします。

本章は、「景観形成及び環境保全における地域資源利用をめぐる住民組織の再編に関する実践的考察」（基盤研究（Ｃ）、２００９～２０１１年、研究代表者：家中茂）、「環瀬戸内圏農林漁業地域における女性・若者・高齢者の生活原理に関する総合的研究」（基盤研究（Ｂ）、２０１０～２０１２年、研究代表者：藤井和佐）、総合地球環境研究所・基幹研究プロジェクトＥＯ-５「地域環境知形成による新たなコモンズの創生と持続可能な管理」（代表：佐藤哲）、文部科学省特別経費事業・鳥取大学地域再生プロジェクト「地域再生を担う実践力ある人材の育成及び地域再生活動の推進」（２０１３年度）および文部科学省「地（知）の拠点整備事業（大学ＣＯＣ事業）」（２０１３年度 鳥取大学）の成果にもとづいている。

注

（１）２００４年に、吾川郡伊野町、吾北村、土佐郡本川村が合併して、「いの町」が誕生した。

（２）「６３３美」とはその地域一帯が県道４３９号線と１９４号線が交差することに因む愛称であり、道の駅など観光施設につけられていることが多い。

（３）森林をめぐる環境社会学研究において代表的な林業経済学研究者として、三井昭二、柿澤宏昭、土屋俊幸、山本信次らをあげることができる。なお、コモンズ研究における井上真の貢献はたいへん大きいが、対象としているフィールドが熱帯雨林であるのでここでは言及しない。

（４）三俣学、山下詠子らをあげることができる。

（５）大倉季久をあげることができる。

（６）興梠克久、２０１２年10月、「中山間地域フォーラム」報告資料より。

（７）丹羽健司さんは、このあと5月に土佐の森・救援隊を視察に訪れ、その年の秋に岐阜県恵那市中野方で、土佐の森・救援隊の「C材で晩酌を！」にそっくりならって、地域通貨をもちいた林地残材収集運搬システムを開始する。事業の名称は、一般の人にもわかりやすいように「木の駅」と名づけ、地域通貨の呼称は、土佐の森・救援隊とおなじく「モリ券」とした。もっとも、この「モリ券」という呼称は、もうひとつの「モリケン」すなわち「森の健康診断」のなかの「森」と「健」との語呂合わせでもある。そして、恵那での「木の駅」立ち上げの後、鳥取県智頭町における「木の宿場《やど》」の立ち上げにも関わる（家中２０１２）。丹羽さんが代表をつとめる矢作川流域森林ボランティア連絡協議会は、「明日への環境賞」（朝日新聞社）を受賞するほどの定評ある森林ボランティア団体である。「森の健康診断」は市民参加型調査として注目され、研究者と地域住民の市民調査をつうじた相互変容のプロセスが興味深い（家中２０１１：85-88）。

（８）土佐の森・救援隊は、２００６年には、間伐・間伐材利用コンクール（林野庁）、「四国山の日賞」（四国四県、四国森林管理局）のダブル受賞、２００７年には、中嶋健造さん（当時事務局長）のオーライニッポンのライフスタイル賞受賞など、全国的に注目されるようになった。２０１０年度に「間伐・間伐材利用コンクール」で林野庁長官賞を受賞、２０１２年には、団体として土佐の森・救援隊がオーライニッポン大賞を受賞している。

（９）山林所有者（甲）と森援隊（乙）のあいだに交わされる「森林整備協定書」は次のような内容である。

第１条（信義誠実の義務）　甲乙両者は、信義を重んじ、誠実にこの協定を履行しなければならない。

第２条（協定内容）　甲はその所有する森林を、乙の行う「土佐の森ＮＰＶ活動（モリモリ事業）」におけるボランティアの活動の場として提供する。／2　乙は、甲の提供する森林をボランティア活動の場として活用し、森林整備（間伐、林地残材搬出）を行う。施業内容、方法は甲、乙が協議のうえ決定する。

第4条（森林整備の経費）　森林整備にかかる経費（ボランティアの活動経費）は、乙の負担とする。

第5条（事業に伴う収入）　この事業に係る収入がある場合（間伐材及び林地残材販売収入とし、補助金等は除く）は、森林整備にかかる経費に充当するものとし、剰余金が発生した時は、それを甲、乙で折半するものとする。なお収入が生じた時は、乙は協定期間終了後、速やかに収支精算書を甲に提出しなければならない。

第7条（使用上の制限）　乙は、協定物件を善良なる管理者の注意をもって森林作業を行わなければならない。

(10)　現在のところ、そのような性能を備えているボイラーは、「ガシファイアー」（株式会社アーク／新潟市）だけである。今後、林地残材の利用に適合的な国産薪ボイラーの開発がより望まれてくるだろう。同じく国産メーカーで、自伐林業の作業において重要な役割を担っている林内作業車（フォワーダ）を製造しているのは、株式会社筑水キャニコム（福岡県うきは市）である。また、「土佐の森方式・軽架線キット」をつくって販売しているのは綱屋産業株式会社（高知県いの町）である。このように「身の丈に合った機械化」を支えるローカルなメーカーの存在は大きい。中小水力発電においても、水車やタービン発電機を製造しているイームル工業株式会社（広島県東広島市）がある。

(11)　高知県は企業との協働による森林整備を積極的に推進しており、土佐の森・救援隊は、ほかにも、西日本高速事業団「ｎｅｘｃｏ協働の森」の事業を実施している。

(12) その森林整備活動には、土佐の森・救援隊が設立を支援した、こうち森林救援隊、朝霧森林救援隊、四銀森林サークル、さめうら水源の森ネットワークなどの森林ボランティア団体の参加があった。

(13) ＮＰＶ活動の実施地

・２００８年度

いの町：高薮「三井協働の森」、長沢「未来の森」、戸中「つなぎの森」、成山「黒田さんちの森」、石見「大原さんちの森」、吾北「６３３美の森」、高知市：春野町「絵の中のボクの森」、鏡・土佐山「こうち市民の森」、北川村：和田「モネの森」

・２００９年度

いの町：高薮&根藤「三井協働の森」、「西日本高速つなぎの森」、成山「黒田さんちの森」第５期・６期、石見「宮地さんちの森」、吾北「６３３美の森」、高知市：鏡「こうち市民の森」、北川村和田&田野町大野「モネの森」、四万十町：「三本の森」、佐川町：「ＮＥＤＯの森」

・２０１０年度

いの町：根藤「三井協働の森」、戸中「西日本高速つなぎの森」、成山「黒田さんちの森」第７期・８期、石見「三浦さんの間伐した森」、「宮地さんちの森」、吾北「６３３美の森」、高知市：鏡「こうち市民の森」、田野町：大野「モネの森Ⅱ」、佐川町：薪づくり（薪倶楽部）

・２０１１年度

いの町：根藤「三井協働の森」、戸中「西日本高速協働の森」、大内「蘇鶴の森／田植山」、大内「蘇鶴の森／岡田山」、成山「黒田さんちの森」第９期、吾北「６３３美の森」、高知市久：礼野「北山の森」、仁淀川町：加枝「玄蕃の森」、本山町：上関「ひまわりの森（支援）」（吉野川森林救援隊）、田野町：

大野「モネの森Ⅱ」、佐川町：古畑「谷岡少年の森」、尾川「いこいの里」里山整備、薪づくり（薪倶楽部）

・２０１２年度

いの町：大内「蘇鶴の森／西村山」第３弾・第４弾・第５弾、成山「黒田さんちの森」第10期、高知市：重倉「山本さんちの森」第１期・第２期、朝倉海老川「こうち市民の森」、鏡狩山「川村さんちの森／森の仕事場（支援）」（こうち森林救援隊）、仁淀川町：加枝「玄蕃の森Ⅱ」、田野町：大野「モネの森Ⅲ」、須崎市：多の郷「須崎Ｃ材祭り・明神山Ⅰ・Ⅱ」、多の郷「明神さんちの森」、佐川町：古畑「谷岡少年の森（支援）」（木の駅ひだか）、日高村：里山整備（木の駅ひだか／支援）、薪づくり（薪倶楽部／支援）

・２０１３年度

いの町：成山「黒田さんちの森」第10期、高知市：重倉「山本さんちの森」第３期、「里山整備（支援）」（こうち森林救援隊）、須崎市：多の郷「須崎Ｃ材祭りⅡ／明神山」、田野町：「モネの森Ⅲ」、佐川町：「司牡丹の森」第１期、古畑「谷岡青年の森（支援）」、本山町：「ひまわりの森（支援）」（もとやま森援隊）、上関「もとやまＣ材祭りⅡ」、日高村「茂平の森（支援）」（木の駅ひだか）、薪づくり（薪倶楽部／支援）、日高村・佐川町：里山整備（木の駅ひだか／支援）

（14）会員には次の４種類がある。Ａ会員：Ｃ材を搬入する一般の自伐林家、Ｂ会員：Ｃ材を搬入する企業・団体など、Ｃ会員：Ｃ材を搬入する「土佐の森グループ」の会員、Ｄ会員：その他の個人・企業・団体など。

（15）２０１３年度の副業型自伐林家養成塾プログラム

第1回　9月

講師：田村嘉永（高知県森林研修センター）

21日（土）：チェンソー講習会（座学）／いの町・すこやかセンター伊野

22日（日）：チェンソーの取扱い・実技／日高村村有林（茂兵の森）

23日（月）：薪づくり（チェンソー横木切り訓練）／日高事業所

25日（水）：伐倒初歩訓練／茂平の森（日高村）

27日（金）：伐倒・搬出訓練／司牡丹の森（佐川町）（別名：牧野の森）

第2回　10月

講師：山中宏男、安藤忠広（理事）

19日（土）：森林、間伐全般の座学、実技　製材／６３３美の森

20日（日）：道づくり座学、現場説明、ロープワーク／６３３美の森

21日（月）：伐倒・搬出訓練／司牡丹の森（佐川町）

23日（水）：（雨天中止）

25日（金）：伐倒・搬出訓練／司牡丹の森（佐川町）

第3回　11月

講師：橋本光治（専業自伐林家／徳島県）

16日（土）：道づくり座学／佐川町総合文化会館

16日午後、17日（日）：道づくり実技／佐川町古畑（谷岡山）

18日（月）：伐倒・搬出訓練／谷岡少年の森（佐川町）

20日（水）：伐倒訓練／茂兵の森（日高村）
22日（金）：薪づくり（チェンソー横木切り訓練）、薪配達／日高事業所

第４回　12月
講師：松本誓（理事）、片岡正法（理事）
21日：軽架線の座学／日高村、実技／茂平の森（日高村）
22日：軽架線の実技／茂平の森（日高村）
以下、（月）司牡丹、（水）６３３美の森、（金）日高事業所で薪造りの共通ローテション

第５回　1月
講師：片岡正法、好永宏郎、田植光男（理事）
18日　ユンボ、ユニックの基礎操作訓練／日高事業所
19日　林内作業車、フォークリフト基礎操作訓練／日高事業所
　（月）司牡丹、（水）６３３美の森、（金）日高事業所で薪造りの共通ローテション

第６回　2月
講師：松本俊道、四宮成晴（事務局長）
15日：材木評価・目利き法、木質バイオマス等の講義／仁淀川林産共同組合（佐川町）
16日：伐倒・搬出訓練／司牡丹の森（佐川町）
　（月）司牡丹、（水）６３３美の森、（金）日高事業所で薪造りの共通ローテション

第７回　3月
17日（月）：伐倒・搬出訓練／司牡丹の森（佐川町）

9日（水）：伐倒・搬出訓練／633美の森（いの町）
21日（金）：薪づくり（チェンソー横木切り）／日高事業所
22日（土）：講義／いの町・すこやかセンター伊野
「ドイツ林業の実態報告」坂本昭彦（理事）
「森づくり・地域づくり」野尻萌生（もとやま森援隊）
「土佐の森方式自伐林業」中嶋健造（理事長）
23日（日）：搬出／茂平の森（日高村）、修了式・交流会

（16）科学技術振興機構・研究開発領域「地域に根ざした脱温暖化・環境共生社会」（2008〜2013）における研究開発プロジェクト「地域資源で循環型生活をする定住社会づくり」の一環として開催された、未利用資源活用の小規模な生業の組み合わせ（百業）によるライフスタイルを創造しようという全国ネットワーク大会。

（17）高知県南西部の海岸近くには、備長炭の原料となるウバメガシが群生している。そこで、高知県大月町では、若い世代の人びとの雇用を確保しようと、新たに大月町備長炭生産組合を立ち上げた（7名の組合員中5名が20代）。シマントモリモリ団も、そのウバメガシの伐採や林地残材の利用に取り組み始めている。備長炭産地の和歌山県はもちろん、高知県室戸も、ウバメガシの乱伐によって原料が枯渇しつつあるなか、自伐林業によって持続的森林経営に向かうことは、地域へのさまざまな波及効果をもたらしている。

（18）以下の著作が参考となる。大橋慶三郎（2001）『大橋慶三郎道づくりのすべて』全国林業改良普及協会。大橋慶三郎・酒井秀夫（2010）『大橋慶三郎林業人生を語る』全国林業改良普及協会。

(19) 岡橋さんが大橋氏に出会ったときに、二つの条件が提示されたという。一つは、自ら陣頭指揮して道づくりする覚悟があるか、もう一つは、請負業者と手を切ることであった（岡橋２０１３）。以来三十数年、これまでに開設した作業道の総延長は８万８０００ｍにもなるという。「奈良型作業道開設基準」（２０１１年8月23日制定）には、対象車両は林業機械および２ｔトラック、原則として、全幅員は２・５ｍ、切取法高は１・５ｍ以内（切取法面が１・５ｍ以上の場合は土留丸太組を設置する）、側溝は設けない、谷の横断は洗い越しなどの規定が明記されている。

(20) 本章執筆者も共同研究メンバーである「地域環境知形成による新たなコモンズの創生と持続可能な管理」〔総合地球環境研究所・基幹研究プロジェクト（研究代表：佐藤哲）〕においては、多様な生態系サービスを地域内外のさまざまなステークホルダー（利害関係者）が協働して管理すべきコモンズととらえており、そのために、「地域環境知の生産と流通による順応的ガバナンスのあり方を解明し、地域の多様なステークホルダーが生態系サービスを協働して管理していく仕組みを理解すること」をめざしている。

参考文献

泉英二（２０１４）「『自伐・小規模林業の意義と可能性』シンポジウムを聴いて」

大橋慶三郎・岡橋清元（２００７）『写真図解作業道づくり』全国林業改良普及協会。

岡崎清元（２０１３）「壊れない道づくり―恩師の技術を伝え続ける」『林業新知識』全国林業改良普及協会：1-5。

加藤友理（２００８）「森林保全における行政・企業・ＮＰＯの協働―高知県を事例として」『神奈川法学

―学生論文集』５：２７１-３１９。

楜澤能生（２０１０）「持続的生産活動を通じた自然資源の維持管理―ローカルコモンズ論への法社会学からの応答―」日本法社会学会編『コモンズと法　法社会学』73：２０４-２２８。

楜澤能生（２０１４）「入会のガヴァナンス」秋道智彌編著『日本のコモンズ思想』岩波書店：90-１１０。

興梠克久（２００４）「自伐林家の展開局面と組織化の意義―静岡県北遠地域を事例」『林業経済』56（11）：1-16。

佐藤孝吉・天毎木卓哉・橋本忠久（２０１１）「徳島県橋本家人工林択抜施業の特徴と適用」『東京農大農学集報』56（1）：17-24。

佐藤仁（２００７）「資源と民主主義―日本資源論の戦前と戦後」内堀基光編『資源と人間』弘文堂：３３１-３５５。

佐藤仁（２００８）『資源を見る眼―現場からの分配論』東信堂。

佐藤宣子（２００５）「山村社会の持続と森林資源管理の相互関係についての考察」『林業経済研究』51（1）：3-14。

佐藤宣子（２０１０）「山村社会論から視た森林・林業政策」『林業経済研究』56（3）：37-39。

佐藤宣子（２０１３）「『森林・林業再生プラン』の政策形成・実行段階における山村の位置づけ」『林業経済研究』59（1）：15-26。

志賀和人（２０１３）「現代日本の森林管理と制度・政策研究―林野行政における経路依存性と森林経営に関する比較研究」『林業経済研究』59（1）：3-14。

鳥越皓之（１９８５=１９９３）『家と村の社会学』世界思想社。

中嶋健造編著（２０１２）『バイオマス材収入から始める副業的自伐林業』全国林業改良普及会。

日本森林技術協会（２００７）「橋本山ＳＧＥＣ森林認証審査報告書」

丹羽健司（２０１２）「木の駅プロジェクトで山村の誇りと自治を再生する」中嶋健造編著『バイオマス材収入から始める副業的自伐林業』全国林業改良普及会：１３９-１５７。

橋本光治（２０１３）「美しい山づくり―自伐林家として実践から得た経営の三本柱」『現代林業』５月号：54-58。

深澤光（２０１２）「自伐林業の広がり」中嶋健造編著『バイオマス材収入から始める副業的自伐林業』全国林業改良普及会：１８９-２０５。

家中茂（２００９）「コミュニティと景観」鳥越皓之・家中茂・藤村美穂『景観形成と地域コミュニティ―地域資本を増やす景観政策』農山漁村文化協会：71-１１９。

家中茂（２０１１）「生活のなかから生まれる学問―地域学の系譜」柳原邦光・光多長温・家中茂・仲野誠編著『地域学入門―〈つながり〉をとりもどす』ミネルヴァ書房：73-１００。

家中茂（２０１２）「『担い手』から見る森林利活用の地域経済システム」谷本圭志・細井由彦編『過疎地域の戦略―新たな地域社会づくりの仕組みと技術』学芸出版社：１０１-１１２。

家中茂（２０１４）「里海と地域の力―生成するコモンズ」秋道智彌編『日本のコモンズ思想』岩波書店：67-88。

資料

（資料1）小林業経営談　橋本好植＝橋本陰蔵　昭和29年談―東京―

本日この会場で、私が行なっている林業の方法を話しせよとのことで、ここに立ちましたが、私は那賀川の上流、丹生谷山分の宮浜村、すなわち、木頭の出口に住んで、親より譲り受けた、わずかの面積しかない山林を荷って、その日々の生活をようやく営んでいる者で、浅学なることはもちろん、見聞もいたって狭い小林業者であります。したがって、今日この会場にご出席なされている大部分の御方のような大林業家、何百町歩の山をご所有になっている御方、そのなかには山頭領とか、あるいは、支配人とかを置いて林業を経営して、ご自分はその資本金を出して、ただときおり監督に山へお出でになるだけで、斧や山刈鎌を手に持たぬというような御方にはまことに不向き、あまりご参考に適せぬ話でありますが、しばらくご辛抱をしていただいて、ご静聴をお願いいたします。

題して小林業経営と申しますとおり、私の話は、まず50～60町歩、80～90町歩くらいより以下、主として自分の家族で施業していく、仕事のとくに忙しいときだけ少数の人夫を雇い入れてする程度の林業者に適しますかという経営方法であります。それから私の行なっているような小林業の経営方法は深山幽谷とも申すべき地、すなわち林産物の搬出に大変不便なところでは不適当な方法で、相当搬出に便利な地方でなければ都合が悪いと思います。また、私は熟々考えてみまするに、どうも一般に、と申しましても、私の狭い見聞の範囲内では多くの人があまり杉の単純林に熱中しすぎている。それも、大林業家であれば施業を他人の労力による関係上、複雑な経営方法はできがたいという点もありますが、狭い面積の山林しかない小林業者までが持山のほとんど全部を杉、まれには桧の単純林にするということは、のちほど述べますような関係で、どうしても不得策であるように考えます。それで私は所有山林地全体のうちの大部分は主として用材林にしますが、これを単純林にいたしませず、杉・桧・松等の混合林に仕立て、他の一部分、地味の痩薄劣等な個所だけを薪炭林として施業経営しているのであります。そして、その用材林はおもに天然更新法によって造植林しています。

もっとも母樹の少ないところや自然の実生を待つまでもなく自家に剰余労力、つまり手間暇があるときは、人工更新法で苗木を植え付けますが、これは私ら小林業者には資本が少ない、いわゆる貧乏世帯で営林しまする者の自然に知りなすところの方法であります。そういうわけで、私の山は大方どの山も杉・桧・松・榧・欅・栗・桜等が混合している、と申しましても人工造林法、すなわち植付による混合林のように、きれい、整然とした混合林ではありません。しかるのみならず、私はなるべく、できる限り、林木を皆伐にしない択伐にする、もっとも何かの事情で多額金を要する場合は、やむをえず皆伐もしまするが、択伐と申しましても、林学先生たちのいうような厳格な択伐ではありません。ただ何町歩にもわたって皆伐しないというだけです。

伐採して金にするときの事情、都合によりまして、1本1本間伐するときのように抜き伐りをすることもあれば、集団的に10本20本ずつここかしこと伐ることもあり、また、地勢及び搬出などの都合によって、帯状に伐採することもある。そして、なるべく1年度にたくさん10万才*も15万才も伐採せずに、3年ごとあるいは年々に少しずつ、5、6万才以下、少ないときは1、2万才くらいまで伐採するのであります。ですから私の山は一見外から見ますとまことに乱雑な、ごちゃごちゃした山であります。杉・桧林の中に松もあれば樅もある。かしこに槻が4、5本あればここに榧の木がある。桜の立木もあれば、栗・樫の木もところどころにある。また、目通り周囲5、6尺の木の中に長さがわずか1間や1

丈くらいの小さい木もある。人家近くの肥沃なところには竹林があるというような状態です。それではまったくでたらめではないかと思われますかしれませぬけれども、けっしてそうではないのであります。やはり、適地適木を考え、また、成長後、老大になって伐採するときの事情や搬出するにあたっての便不便等をよく考えて仕立てるきわめて集団的な植林方法であります。しかるがゆえに、この作業をしまするには、ずいぶんその山について緻密な考えや経験がいる。されば最初に申し述べましたごとく、何百町歩の山林を持って雇人任せに林業を経営するというような大林業家には都合が悪い。

よほど山林について研究心があり、趣味経験のある人を得ませんとうまくできない。自分がいちいち実地をよく考えて作業しませんと失敗に終わるのであります。しからば、だいたいその作業をなすにどういう考え、方針で行なっているかと申しますると、どの種類の木もよい値打ちのある木をつくる。

大林業家であれば、広い土地にたくさんの木を持っていますから、少々悪い木があっても辛抱できますけれども、小林業者はなにせ狭い山で木の数が少ないのですから、精一杯よい値打ちのある木、いわゆる長幹無節にして目合いのよろしき木を産出するよう、心がけなければ、収入少なくて一家の経済に困る。それか、造林樹種の選択にあたって、木材搬出に不便なところ、たとえば山の上の方、また、土場へ遠いところでは、桧のように割合軽い木でしかも高価な樹種を主林木とする。

搬出には便利であるが、地味が乾燥・痩薄である個所は、松を主林木としてその間に榧・欅などの直《すなお》い立派に成長しそうな自然の実生木を仕立てる。それから薪炭林の中でも欅・桜・栗・樫というようなもので直い、比較的枝・節の少ないものは伐らずに残存木として仕立てる。

また、このように仕立てた木が今後成長して伐採搬出するときのことをよく考えてみる。松・樅のような杉・桧より安い木を杉・桧山の上の方にたくさん仕立て作っても、伐採・搬出する際、下の方の山の杉・桧が損傷するようでは利益になりませぬ。桜・栗の木を1、2本伐るがためにかなり大きな杉の木が5、6本も損傷するようなところに桜・栗を仕立てるのも下手な不利益なことです。

そういうようにそのほかいろいろな事項をよく考慮して施業しますので、実際はなかなか複雑込み入ってくるので、詳細なことは実地について見ませんと机上ではちょっと申しがたいのであります。

それならば、そういう複雑な方法の施業をして、どういう長所があるかと申しますと、

一、造林費が少なくて営林できる。

われわれのような小林業経営者は前にも述べたごとく、とにかく資本がなくて困難しているのですから、少々輪伐が長くなろうとも、また、見たところ不規則で整然としていなくとも、造林費用の多く要せぬ方法が好ましいのであります。それでなるべく皆伐せずに択伐にして、林地の中を広く空地にせぬようにしますと、植付けをしましても、一時に多額の費用を要しませぬのみならず、自家の労力を平均に都合よく利用することができる。また、なにかの都合によりまして、手（労力）が不十分なときは少々手数は長くかかりますが、そのままにしておいても、近所に母樹がありますから、自然に実生ができてくるのであります。

二、択伐・混合林にしますと、需要に応じて木材を供給することができる。

言葉を換えて言いますれば、売るときの都合のよいものを売ることができる。近年のように松・樅の黒木が割合相場よく売れるときは松・樅を伐って売る。造船用の海具材の買人が多いときは、太い木を択抜して売る。槻が希望な人には槻を売って生活費の足しにする。木材搬出用の木馬板が必要で探している人には樫の木を売るというように、そのときどきの需要に応じていろいろな木を売ることができて、一家の生計を営むに都合がよいという長所があるのであります。

三、比較的虫害などが少なく、元口の方に枝が少なくて節の少ない良好な製材品が得られる木ができる。

択伐混合林でありますと、どうしても皆伐単純林より虫害（蜂喰い）が少ない。そして択伐にしますと、はじめ小さいときに太い枝があまりたくさんできませぬから、生長後、伐採して製材しましても、元口の方のいちばん価値のある部分に中身に節が少ないよい製品ができる。したがって、価が高い良木ができることになります。

四、それから択伐混合林でありますと、林地が痩せない。

皆伐にして、ことに焼畑などにしますと、山の腐朽土はなくなり、表土は雨に流れて、長年の間にはしだいに痩せます。それで国土保安、治水上などから申しましても、択伐更新法がよいということになります。

まず、長所の話はこれくらいにしておきまして、終わりに伐期のことを申し上げます。杉・桧・松などの用材木、ただし電柱などの特殊物は別としまして、普通はどうしても目通り周囲５、６尺くらいまでおいて売るのが利益のように私は思って行なっています。地方によりまして一様には申されませんけれども、私、地方では多く40、50年生目通り周囲３尺５、６寸くらいから４尺余くらいで伐るのが大多数ですが、私は詳細な数学上のことは知りませぬが、一家の経済がどうかこうか維持できていけるならば、60、70年おいて、５、６尺くらいになって伐るのが利益のように思われます。

と申しますのは、近頃、年々しだいしだいに大きな木が減少してきますので、大木は才当たりの単価が割合よろしい、高くなる傾向があります。ある人が申しまするに、40、50年生くらいから林木は割合太くならないから利益が少ないといいますが、それは皆伐にして植付け地を焼き、畑作などするところではさようでありましょうけれども、私が行なっているように努めて、皆伐を避けて択伐にいたしますと、植付後15年ないし20年くらいまでは生長が遅くありますが、30、40年くらいからは、土地を焼き、畑作などしたものより痩せていませぬから、なかなかよく太ります。それゆえ、生長力は60、70年おいても劣りはないのであります。結局、才当たりの単価が高く売れるだけ得なように思われます。

下手な者が長談義をすれば、とにかく屑が多くて聞き苦しい。なんぼ短い日のこの頃でも厭が来るから、私の話は以上で御免をこうむります。

＊才　木材の体積の単位。1寸（約3・03㎝）角で、建具・家具用材では長さ6尺（約1・8ｍ）、建築用材では長さ12尺（約3・6ｍ）の体積を1才とする。

（掲載にあたっては原文の漢字、仮名遣いを一部改めた）

（資料2）「自伐・小規模林業の意義と可能性」シンポジウム＊を聴いて　愛媛大学名誉教授・泉　英二

今回のシンポジウムには記録役を任され出席した。報告者の方々は発表時間が限られていたため意を尽くせなかった面もあったと思われるが、配付資料がたいへん充実していたので、こちらも併せれば趣旨は十分に伝わったと思われる。また、討論は白熱したやりとりが続き、いくつかの重要な論点が提示された。以下、今回のシンポジウムを聴いた私的な感想を述べてみる。

1、中嶋健造氏らの自伐林業論と研究者の見解

中嶋氏らの主張はきわめて明快である。まず、日本の林業を、「施業委託型」と「自伐林業型」に区分し、国が積極的に推進している「施業委託型」については、①高投資・高コストである、②地域雇用力が低い、③皆伐を含む荒い施業が必然となり、山を荒らす、④連年収入が得られない、⑤前提となる集約化が困難である、といった問題点を挙げ、国の方向は根本的に誤っているとする。

他方で、「自伐林業型」は、①低投資・低コストである、②地域雇用力は10倍以上、③間伐中心の長伐期で、環境保全的にもよい、④連年収入が得られる、⑤農業との兼業も容易である、⑥林業技術が小規模なので新規参入が容易である、⑦木質バイオマスエネルギー利用にも適合的、といったことで、林業的にもまた山村社会を持続させるためにも優れた方法であると主張した。さらに、「自伐林業」のやり方は、これまでの「家族経営型」だけでなく、「集落営林型」（集落の山林をまとめ、集落で経営）や、「大規模山林分散型」（大山林所有者（個人、企業、自治体、国）の山林を自伐林業ができる単位に分散化して経営）などを開発中とのことである。

このような中嶋氏らの主張に対して、佐藤宣子氏は、２００５年および２０１０年の世界農林業センサスの組換え集計にもとづいて、自伐林家が素材生産シェアの2割弱を占めており、しかもそれがこの5年間で大幅に増加していることを明らかにした。これは中嶋論を大いに補強するものと評価できる。松本美香氏は自伐林家の活動実態を明らかにすべく、原木市場調査、林家聞き取り調査等を実施したが、明確な展望を描けるデータは得られなかったとする。

2、討論

討論では、自伐林業の動き自体を否定する意見は出なかった。しかしいくつかの疑問・意見が表明された。①自伐林業を析出する基盤は崩壊したのではないか。山村はそこまで弱っている。②自伐林業方式で、地域や日本の森林すべてを管理することは不可能ではないか。森林組合や第三セクター等の役割はそれなりにあるのではないか。③自伐林業では利益が出るというが、それは自分の身体を切り刻んで得た労賃部分にすぎないのではないのか。自伐でも請負でも林業が成立する価格水準を実現することが根本問題ではないのか。

討論で出された論点はいずれもそれぞれに重要であり、今後さらに議論を重ねる必要がある。

3、私の感想

中嶋氏らは自伐林業論を通じて、①森林・人間関係論、②森林施業論、③林業技術論、④林業経営論、⑤普及論、⑥地域論、⑦森林・林業政策論などにまたがる多面的な問題提起を行なっている。氏らの林業をめぐる在り方の主張は、きわめて包括的であり、全面的といえる。私は2年前に国の「森林・林業再生プラン」について詳しく検討した際、この政策にもっとも明確に反対論を提起したのが中嶋氏の自伐林業論だと評価したことがある（「山林」平成24年10月号）。

①自伐林業論の射程距離

ところで、中嶋氏らが提唱する自伐林業論の射程距離はどの程度と評価すべきであろうか。「森林・林業再生プラン」への批判というレベルにとどまるのだろうか。けっしてそうではない、というのが私の見解である。

折しも今年は林業基本法が制定されて50周年である。林業界をあげて基本法林政（とくにその構造政策）の評価をめぐる議論が行なわれると予想されるが、その際、この自伐林業論の問題提起は避けて通れないものになると私は考えている。

1959年に設置された国の「農林漁業基本問題調査会」は、予想される第二次産業を中心とする経済発展に第一次産業はどう対応すべきかを議論した。農業については、生産政策（選択的拡大）、構造政策（自立経営農家の育成）といった目新しい政策を打ち出し、それが61年の農業基本法に結実した。

他方で、林業関係の答申では、構造政策において、当時、林業生産活動が活発だった「家族経営的林業（＝農家林業）」を担い手に措定したため、大きな議論を呼んだ。「家族経営的林業」の考え方は農業における「自立経営農家」の育成政策と表裏一体の考え方ともいうことができるが、この構造政策は、①伝統的林学の考え方では、「林業とは大面積所有者が行なうもの」との固定観念があり、それを答申が「資産保持的」として否定したこと、②これまで独立していた、農政と林政が担い手政策で強い連携を持つことになること、といった特徴を持っていた。大山林所有者や全林野だけでなく、おそらく林野技術官僚もこのような方向を認めることはできなかったのではないか。その結果、農業のように直ちに基本法制定に至らず、成立は64年までずれ込むことになる。このタイムラグが構造政策にとってきわめて大きな影響を与えたと私は思っている。

具体的には、62年に林野庁森林組合課が創設した「林業協業促進対策事業」が大きな転機となる。この事業は、当時不活発組合が多かった森林組合に新たな役割を担わせようとしたものである。その考え方は、①今後の林業は、生産性を上げるために機械化され、しかも社会保障も完備した通年雇用の労働者により担われるべきである、②たとえば、４haの所有者が７人いる場合（合計約30ha）、所有林は森林組合に施業委託させることにする、③約30haは機械化されれば２人で管理できるので、その２人は森林組合に所属する専業的林業労働者になってほしい（ほかの５人は林業から離れてもらってよいとの含意がある）、④そのために、森林組合に対して国はチェーンソーや集材機といった機械装備を補助しようというものであった。これは、森林組合を林業請負事業体に育成しようというもので、基本問題答申の「家族経営的林業」を担い手にしようという方向の全面否定といってもよいものである。

その後、国有林解放運動への対処もあってようやく64年に成立した「林業基本法」では、構造政策としては、「家族経営的林業」、「森林組合」、「大山林所有者」を並列し、特定の担い手を措定することを避けたと私は解釈している（学会的には「家族経営的林業」が担い手に措定されたと評価されている）。

立法後展開された「林業構造改善事業」は、「基本法林政」の中核をなすものだが、第一次林構の内容をみると、林道約70％、森林組合約25％であり、家族経営的林業対策は微々たるものであった。具体的内容からすると、森林組合重視路線をとったとみてよい。

68年に創設された「森林施業計画制度」は属人型であったが、74年には属地型の「団地共同森林施業計画制度」が増設され、その後、この方向が強く推進された。75年以降推進された「地域林業政策」においてもその中心に森林組合が位置づけられた。

以上みたように、日本の林政は70年代以降一貫して自営型の農家林業や大山林所有者を軽く扱い、森林組合への施業委託を推進して現在に至っているといえる。

中嶋氏らの自伐林業論は、これまで国から軽視されてきた「家族経営的林業」や自営型の「大山林所有者」への再評価を強く要請するものであり、たんに「森林・林業再生プラン」への根源的批判にとどまらず、50年におよぶ国の「基本法林政」全体に対する根本的問題提起となっていると評価することができよう。

②今後の検討課題

第一は、中嶋氏らが批判する「施業委託型」の問題点の検証である。前提となる施業集約化の実現可能性はどの程度か、高性能林業機械化のコストはどの程度か、施業の荒さはどうか、森林組合の体質の問題、等々多くの点で具体的検証が必要であろう。

第二は、自伐林業の析出基盤の検証である。佐藤氏の分析結果はあるものの、センサス結果からすると農家林家はさらに弱まっていることは否定できないと思われる。この点のさらなる検証が必要とされている。

第三は、そのことを前提とすると、自伐林業を再構築し、発展させる道筋をどのように設定できるのかが問題である。中嶋氏らが主張するように「少しの支援さえあれば直ぐに立ち上がる」のかどうか。山村側の析出基盤が弱体化しているとすると、新規参入者を増やすしかない。林野庁の「緑の雇用」や山村対策だけではまったく不十分である。農林水産省、総務省等も連携して、定年帰林（農）を含め、都市住民の一部を農山村へ積極的に戻す新たな総合的政策が必要とされており、そのなかに「自伐林業」が重要な「受け皿」として位置づけられることになれば、新たな展開が期待できる。一般的にいって国の動きは遅いので、農山村自治体の理解が当面のポイントだろう。

第四は、質疑応答で山本氏の提起した林業が成り立つ適正な木材価格水準はどうあるべきか、についての議論である。この問題は議論しても無駄だということでこれまで聖域化されてきた感がある。現実には市場に振り回され、その落差の一部を補助金により補填され、その補助金に振り回されてきたのが日本の森林・林業である。日本の今後の長期的な森林管理とその担い手を考えるうえで、この木材価格問題に関する議論は避けて通れない最重要の課題のひとつであろう。

第五は、農業政策への目配りである。今後の農業政策は、「自営型」から「委託型」へ大きく転換しようとしているように思われる。このことについて、しっかりと認識しておく必要がある。

第六は、森林にかかわる人間とその組織はどうあるべきか、ということの原理的検討である。「所有」という概念の原義にまで立ち戻り、地球環境制約下において、人間は植物資源とどのように付き合っていくのか。その場合に、「自伐型」「自営型」が本来の在り方と主張できるのか、ということである。官僚組織による国有林管理の実績は、この議論にも大きな示唆を与えている。また、森林組合組織についても冷徹な議論が必要である。

第七は、用語としての「自伐林業」、「自伐林家」である。「自伐」という用語はなかなか実感的ではあるが、やはり学術面からの整理が必要である。自伐は自営と言い換えることが可能と思われる。

また、「自伐林家」は、「林業自営林家」といえるが、中嶋氏らの「自伐林業」概念ははるかに広いようだ。氏らはつねに実践の中から概念をつくり出してきており、今後、「自伐林業」概念がどこまで拡張されるのかについて、おおいに注目する必要がある。

以上、中嶋氏らの巨大な問題提起は、後の討論で提出された論点などとともに、国や地方自治体の林政担当部局だけでなく、林政学・林業経済学の研究者もしっかりと受け止めて、きちんと議論をする義務があるように思う。

＊「自伐・小規模林業の意義と可能性」シンポジウム　２０１３年９月28日開催　国民森林会議、土佐の森・救援隊、高知県緑の環境会議共催　パネリスト　中嶋建造氏（ＮＰＯ法人土佐の森・救援隊理事長）、橋本光治氏（橋本林業代表）、佐藤宣子氏（九州大学大学院教授）、松本美香氏（高知大学講師）、藤森隆郎氏（日本森林林業技術協会、国民森林会議提言委員長）

著者略歴と執筆分担

佐藤宣子（さとう・のりこ）執筆：まえがき、第１章

1961年福岡県生まれ。九州大学大学院農学研究科博士課程修了。大分県きのこ研究指導センター研究員、九州大学助手、同助教授などを経て、現在、九州大学大学院農学研究院教授。

主な著書：『日本型森林直接支払いに向けて―支援交付金制度の検証―』（編著、日本林業調査会）、『世界の林業―欧米諸国の私有林経営―』（共著、日本林業調査会）、『森林資源管理の社会化』（共著、九州大学出版会）など。

興梠克久（こうろき・かつひさ）執筆：第２、３章

1968年宮崎県生まれ。九州大学大学院農学研究科博士課程修了。財団法人林政総合調査研究所・研究員、九州大学大学院農学研究院・助教を経て、現在、筑波大学生命環境系・准教授。

主な著書：『日本林業の構造変化と林業経営体―2010年林業センサス分析―』（編著、農林統計協会）、『地域森林管理の主体形成と林業労働問題』（編著、日本林業調査会）、『森林づくり活動の評価手法―企業等の森林づくりに向けて―』（共著、全国林業改良普及協会）など。

大内　環（おおうち・たまき）執筆：第３章

1991年宮城県生まれ。筑波大学生物資源学類卒。現在、宮城県庁。

家中　茂（やなか・しげる）執筆：第４章

1954年東京都生まれ。関西学院大学大学院社会学研究科博士課程後期課程単位取得退学。沖縄大学地域研究所を経て、現在、鳥取大学地域学部准教授。村落社会学・環境社会学、生活の視点からの環境研究、生成するコモンズ論。

主な著書：『地域の自立　シマの力（上・下）』（共編著、コモンズ）、『景観形成と地域コミュニティ』（共著、農山漁村文化協会）、『地域学入門』（共編著、ミネルヴァ書房）、『日本のコモンズ思想』（共著、岩波書店）

シリーズ　地域の再生18

林業新時代――「自《じ》伐《ばつ》」がひらく農林家の未来

2014年5月30日　第1刷発行

佐藤宣子
編著者　興梠克久
家中　茂

発行所　一般社団法人　農山漁村文化協会
〒107-8668　東京都港区赤坂7丁目6－1
電話　03（3585）1141（営業）　03（3585）1145（編集）
FAX 03（3585）3668　振替　00120-3-144478
URL　http://www.ruralnet.or.jp/

ISBN978-4-540-09231-2　DTP制作／池田編集事務所
〈検印廃止〉　印刷・製本／凸版印刷（株）